你有遗憾吗

Do you have any regrets

林姨◎著

電子工業出版社
Publishing House of Electronics Industry
北京 · BEIJING

图书在版编目（CIP）数据

你有遗憾吗 / 林姨著. -- 北京 : 电子工业出版社, 2025. 1. -- ISBN 978-7-121-49342-3

Ⅰ. B821-49

中国国家版本馆CIP数据核字第2024QM7060号

责任编辑：张艺凡
印　　刷：天津画中画印刷有限公司
装　　订：天津画中画印刷有限公司
出版发行：电子工业出版社
　　　　　北京市海淀区万寿路 173 信箱　邮编：100036
开　　本：880×1230　1/32　印张：7　字数：140 千字
版　　次：2025 年 1 月第 1 版
印　　次：2025 年 1 月第 1 次印刷
定　　价：58.00 元

凡所购买电子工业出版社图书有缺损问题，请向购买书店调换。若书店售缺，请与本社发行部联系，联系及邮购电话：（010）88254888，88258888。

质量投诉请发邮件至 zlts@phei.com.cn，盗版侵权举报请发邮件至 dbqq@phei.com.cn。

本书咨询联系方式：（010）68161512，meidipub@phei.com.cn。

To 亲爱的书友：

你好！

见字如面，展信舒颜。这封信我不想大篇幅运用修辞的手法，使其变得更华丽，只想用最真挚的文字，万水千山，去见你。

最近天气渐冷，树叶也开始落了。原本只想写信聊表心意，提起笔却有些期待与你相遇，或许那时会有暖阳般的温暖，会有微风拂过我们的面颊……

现在是凌晨2:10，我正在翻看书友们给我的留言，心里一阵喜悦，一阵酸涩，眼睛同近日天气一样湿润。透过一条条留言，我仿佛看到千百张面孔在宁静的午后或静谧的夜晚，在昏黄的灯光下或温馨的角落里，在悠长的小巷中或寂静的庭院里，沉思、微笑、忧伤、憧憬……每个人都有着自己独特的故事，在生活的舞台上演绎着不同的人生。我有很多话想说，却又不知从何说起，只能说书友们表达的、倾诉的，我都懂。

我希望，我们都能诚挚地给岁月一个拥抱，感恩那些经历过的困苦与磨砺。岁月恰似一段望不到尽头且充满挑战的旅程，旅程中有太多“浅草才能没马蹄”的纷繁、“孤帆远影碧空尽”的寂寥、“欲渡黄河冰塞川”的窘迫。但是，旅途若少了波折，哪有壮丽的风景？

所以，请用乐观的心掌控情绪，用淡然的心对待成败，用赤诚的心回馈岁月。期望归来的你，也能评说岁月。

人生一知己，足以慰风尘。我一直相信，在这世上肯定有某个角落，存在着能完全领会我想表达的意思的人。

我希望在未来的日子里，我们能携手同行，成为更好的自己。

信前的你，当月光笼罩着你时，它注定是宁静且美好的。这一世，语短情长，往后时光皆是想念。很高兴认识你，我是林姨！

茶待知音，人待同频。这是01班的公众号，关注公众号，找到班长，添加林姨，期待你的加入！

山高水远，
“姨”路有你，有幸同行！

林姨
2024.10.11

序

没有人不遗憾，只是有人不喊疼

人生与憧憬差了十万八千里，我鞭长莫及，却马不停蹄……

遗憾，似乎是一个无法回避的话题。

在写下这篇文字时，我正在经历人生中的又一次低谷，同时也在迎接另一场巨大的遗憾。

“文字”一向是我用来静心的最有效的方法。我自以为心中的思绪可以像泉水般涌出，可执笔之际，又不知何起、不知言何。

那就先来说说我吧。

如果需要用一个客观且准确的职业来描述我，我想应该是“家庭主妇”。

我从不掩饰我是一名家庭主妇的事实，因为我从不认为一个人的工作背景能够对等他灵魂的丰富与深度。十余载的主妇岁月，柴米油盐赋予了我内心的平和笃定，繁杂琐碎锤炼了我遇事时的沉着泰然。

2023 年，我写了一篇《你有遗憾吗》的短视频文案，给我平静的生活添了一抹色彩。

而世事难两全，得失总相伴，我现今的困境便也是这色彩中的一抹。

如今执笔，是我对事物有了新的看法，急于记录下来。

我想，当你看到这些文字时，或许也会在内心深处轻轻地问自己：我有遗憾吗？答案可能因人而异，因为每个人的人生轨迹都是独一无二的。

而在我看来，生活就像一场奇妙的冒险，充满了未知与惊喜。我们在这个过程中，会遇到许多人、经历许多事。例如，年少时那一场无疾而终的暗恋，因为羞涩而从未说出口的喜欢，多年后回想起来，心中难免会有一丝遗憾。又或者，和好朋友因为一点小事而产生矛盾，最终渐行渐远，这也是一种遗憾。还有，在父母渐渐老去的时候，我们才发现陪伴他们的时间太少，这同样是一种遗憾。

可能是一次错过的机会，可能是一句未曾说出口的话，可能是一个未能实现的梦想……它们如同影子一般，时刻伴随着我们，提醒着我们曾经的不完美。

是啊，无人不冤，有情皆虐。没有人不遗憾，只是有人不喊疼。

在写这本书时，我默默为它定下了基调。我不想说那些过多的理论，只是想写一本非常接地气的读物。因为我坚信，真理往往萌生于日常的涓涓细流中，成长亦隐匿于琐碎事务的砥砺之中。

所以，这本书没有华丽的辞藻，只有最真实的情感和最深刻的思考。

我只想以我的方式分享给书前的你。无论你是正处于人生巅峰，还是位于生活低谷；无论你是年轻气盛，还是历经沧桑，这本书都可以像一位知心的朋友，在你迷茫的时候使我们互相依偎，在你难过的时候让我们彼此取暖。

“人生只百年，此日最易过。”来日并不方长，当下即是最好，因为很多“幸福”在没有被发现之前还有另一个名字，叫“平凡又普通的每一天”。

而人生也没有彩排，每一个瞬间都是现场直播。我们不能总是活在遗憾中，而要学会放下过去。

或许我们是不幸的，因为我们终将失去一切；或许我们又是幸运的，因为我们曾经拥有一切。

或许我们是平凡的，因为我们没有绚烂多彩的传奇故事；或许我们是独特的，因为我们奋力奔跑，不懈地追寻着人生的多样可能。

言不由衷，词不达意，谢谢你看完了我的碎碎念，我是林姨。

c o n t e n t s

目 录

第一章 遗憾

01 · 遗憾是人生的常态 ...3

02 · 你有遗憾吗 ...9

03 · 在失去中学会珍惜 ...12

04 · 各有花期，盛时不同 ...17

05 · 与爱情中的遗憾和解 ...27

06 · 孝心不待时 ...37

07 · 安然面对世间万千变化 ...42

第二章 情感

01 · 爱情与婚姻 ...49

02 · 喜欢重要还是合适重要 ...55

03 · 什么样的爱情才是健康的 ...62

04 · 恐婚怎么办 ...67

05 · 婚姻的意义 ...72

c o n t e n t s

06 · 对婚姻的感悟 ...75

07 · 爱上一个不能在一起的人怎么办 ...80

第三章 人际关系

01 · 人与人际关系 ...89

02 · 你被原生家庭伤害过吗 ...91

03 · 交友不必一生，但念一程 ...105

04 · 怎样面对别人的恶意 ...111

05 · 人与人最好的关系是什么样的 ...115

第四章 孤独

01 · 你，孤独吗 ...121

02 · 孤独是人生的常态 ...124

03 · 在孤独中绽放出绚烂的生命之花 ...128

04 · 学会享受孤独 ...131

05 · 独处是一种最昂贵的自由 ...137

c o n t e n t s

第五章 成熟

01 · 什么是成熟 ...145
02 · 王阳明的心学告诉了我们什么 ...151
03 · 如何修心 ...163
04 · 放下内心的执念 ...166
05 · 世俗、脱俗和超俗 ...169

第六章 人生的意义

01 · 人生的意义是什么 ...175
02 · 当下便是最好 ...177
03 · 安危相易，祸福相生 ...181
04 · 努力活着，本身就是一种意义 ...184
05 · 与自己和解 ...187
06 · 人这一辈子最重要的是什么 ...198
07 · 真实的自己更值得尊重 ...204
08 · 我们应该如何过好这短短的一生 ...206

第一章

CHAPTER 1

遗憾

Do you
have
any regrets
……

01

遗憾是人生的常态

※

你有遗憾吗?

我本以为，人生最大的遗憾是所爱隔山海，山海不可平。

可后来才知道，海有舟可渡，山有路可行，山海皆可平，难平是人心。

没有人不遗憾，只是有人不喊疼。

即便是盛世长安三万里，不也写尽了处处遗憾吗?

高适蹉跎半生，暮年得志，不遗憾吗?

李白潇洒肆意，胸有大鹏之志，却沦为阶下囚，最终孑然一身，不遗憾吗?

裴十二一介女子，文不输李白，武不输高适，只因女子之身报国无门；少年杜甫惬意灵动，最终只道“南村群童欺我老无力”，不遗憾吗？

盛世长安，终是不复再现，不遗憾吗？

无人不冤，有情皆虐。

一切都在变化，且一切都难遂本心。

就像“人”字有两笔，一撇写前半生，写的是执着；一捺写后半生，写的是释怀。

我们要做的是心有山水不造作，静而不争远是非，且停且忘且随风，且行且看且从容。不念过往，不畏将来。

愿大家千山暮雪海棠依旧，不畏岁月烦恼，平添忧愁。

你好呀，见字如面，展书舒颜。

此时的我，正在伴着星光漫步。

月下的公园静谧深沉，夜色笼罩。我特意放缓步伐，头仰向天空，任晚风轻轻撩动发丝。

我在湖边的长椅上坐下，衣角垂落，不着急离开，沉淀思绪，拿出包里的记事本，静静地记录下那些突如其来而又心潮澎湃的文字。我也不知为何想用“心潮澎湃”来描写文字，或许是想用来描绘我的心境吧！

手机里缓缓响起的歌声，将我带入了万千思绪：

“也许我们从未成熟，还没能晓得，就快要老了。尽管心里活着的，还是那个年轻人。因为不安而频频回首，无知地索求，羞耻于求救，不知疲倦地翻越，每一个山丘……”这是李宗盛的歌，不知道你听过吗？

年少不听李宗盛，听懂已是不惑年；

初闻不知曲中意，再闻已是曲中人 。

我觉得，没有生活经历的人是听不进这首歌的。

如今，出走半生，历经苦酸甜，欲言又止；

漂泊数载，尝遍悲喜愁，欲语先噎；

闯荡多年，历经风雷雨，欲说还休；

奔波岁月，历经爱恨嗔，欲讲却默。

一生点滴梦想，侥幸凝成霞；一世零碎思绪，碰巧聚成海。

一路走来，分爱恨、辨离合、明聚散，似乎每一步都是孤独的徘徊。真的放下了吗？我问自己。

爱了、恨了又何妨？

一路走来，分得失、衡利弊、量轻重，似乎每一步都是无奈的抉择。真的明智了吗？我问自己。

得了、失了又如何？

一路走来，究真假、探虚实、察明暗，似乎每一步都是迷茫的摸索。真的清醒了吗？我问自己。

真了、假了又怎样？

一路走来，评优劣、判高下、断好坏，似乎每一步都是艰难的判断。真的聪慧了吗？我问自己。

优了、劣了又能如何？

人生就是这样啊！世事难两全，得失总相伴，半生归来，尽是遗憾。后来踏遍平湖烟雨，无意中再想起山，才知山并非高不可攀，越不过去的是自己的执念……

2023 年，我去看了当时热映的《长安三万里》这部电影。大唐盛世下，诗人们的人生轨迹令人唏嘘。他们怀揣着理想与抱负，在时代的洪流中奋力挣扎。我仿佛穿越千年，亲身体验了那个辉煌而又充满遗憾的时代。

李白，这位诗仙，他的诗歌豪放飘逸，充满了对自由和理想的追求。“天生我材必有用，千金散尽还复来”，体现了他的自信与豁达；“安能摧眉折腰事权贵，使我不得开心颜”，体现了他的傲骨与不羁。他天赋异禀、豪情万丈，他的诗歌天马行空，充满了浪漫与激情。

然而，他一生都在追求仕途，渴望在官场中施展才华，却始终未能如愿。他的豪放不羁、不拘小节，恰恰是他在官场中的致命羁绊。

为了实现理想，他不惜入赘豪门，却始终无法摆脱命运的捉弄。他曾留下诸多传世佳作，却只能在寻仙问道中寻求解脱，尽是遗憾……

高适，一个出身名门却家道中落的武将，心怀报国之志，却在现实中屡屡碰壁，因家族没落而历经坎坷。他努力寻求机会，想凭借自己的才能建功立业，却屡遭挫折。

在边塞的岁月里，他目睹了战争的残酷和官场的黑暗，心中的理想之火却从未熄灭。虽然他最终成为一代名将，但曾经的抱负与现实的差距，想必也在他心中留下了深深的遗憾。

电影中的每一个场景、每一首诗，都仿佛是历史的回响，诉说着那些不为人知的遗憾。长安的繁华如过眼云烟，诗人们的梦想在现实的磨砺中渐渐破碎。他们在人生的道路上不断追寻，却又不断失去，这种无奈和悲哀不也曾经在现如今的我们的经历中闪现过吗？

或许，也正是因为这些遗憾，成就了他们的伟大。他们将生活中的痛苦、挫折、离别等情感融入诗歌之中，使其有了震撼人心的力量。

“人生得意须尽欢，莫使金樽空对月”，这是李白在失意时的豁达；

“战士军前半死生，美人帐下犹歌舞”，这是高适对现实的悲愤。

这些人、这些诗，穿越千年，在悄悄地拨动着我们的心弦……

李白在黄河边作了一首纵情的《将进酒》，他的豪放与洒脱，在那一刻达到了极致。他用诗歌抒发出心中的愤懑与不甘，让人感受到一种别样的壮美。

尽管他的人生充满遗憾，但在那一刻，他的精神世界是如此丰富和自由。

长安虽已远去，但诗韵永流传；遗憾虽在，却也成就了永恒的美丽。

而我们的人生，又何尝不是处处有遗憾？

人这一世，可能求全责备才是常态。

每份追求，都含艰辛；每种经历，都有缺失。

世人皆是如此，总在抱怨“当下所得”，永远在念“倘若往昔”，但换一个方向，生活真的就会毫无缺失吗？我猜，是一样的。

正如有句话讲道：“向往彼岸的人，总觉得彼岸就是乐园，美好、祥和，没有纷扰。抵达彼岸的人才了解，那里有荆棘、沼泽，和此岸一样艰难。”

苏轼一生多次被贬，仕途坎坷，换作谁都会消沉吧？可苏轼却淡然说道：“此心安处是吾乡。”

这句话触动了我的心。当遇到人力所不能左右的事情时，心安即是自在吧！

事与愿违是常态，人生圆满是奢求。

张爱玲曾说过：“生命是一袭华美的袍，上面爬满了虱子！”

世事无常才是常态，生活难免会有挫折，竭尽全力就无须悔恨。

面对无法更改的结果，学会欣然接纳不完美，与过往和解，正视它、容纳它、解决它、放下它。选择能坚持的，坚持所选择的，往昔的终会消逝，该来的总会来临。

我若出众，岁月从容。

02

你有遗憾吗

✳

你的意难平是什么？

是刘过的“欲买桂花同载酒，终不似，少年游”，还是顾贞观的“十年不得志，深恩负尽，死生师友”？

是李白的“早知如此绊人心，何如当初莫相识”，还是杜甫的“万里悲秋常作客，百年多病独登台”？

又或许是“树欲静而风不止，子欲养而亲不待”？

我们总说，愿许秋风知我意，散我心中意难平。可秋风如何知我意，又怎会散我意难平呢？

我饮人间一壶酒，一吟无奈，一吟空；我借人间二两墨，一笔相思，一笔错。没有人会在乎过去，但总有人活在过去。

也许人生就是这样，不品人间酒，不知其中醉；不陷世间情，不知其中泪；不经沧桑苦，不知其中味。

可是，生命若没有缝隙，阳光如何能照进来呢？

我们只需要明白，人生只百年，此日最易过。不可不知有生之乐，亦不可不怀虚生之忧。

将登太行雪满山，即使迟疑也终将轻舟已过万重山。

愿大家只今道、只今句，时光清浅处，一步一安然。

书前的你有遗憾吗？

或许是时过境迁，往昔的美好已消逝，徒留物是人非的落寞与伤感？

或许是生不逢时，满腹才华无处施展，只能慨叹怀才不遇的无奈与悲哀？

或许是镜花水月，那心心念念的美好如同虚幻泡影，始终处于爱而不得的痛苦与煎熬之中？

或许是漂泊无定，如同无根之萍，在异乡的土地上流浪，感受着客居他乡的孤独与凄凉？

或许是风木含悲，在亲人离去时才追悔莫及，徒留悔之晚矣的遗憾与伤痛？

抑或人生如梦，一切的追求与渴望都如黄粱一梦，尚未熟透便已破碎?

可时光啊，是不可逆转的。如果一切可以重来，你会如何选择?

03

在失去中学会珍惜

庭前老树挂果封，不见当年偷果童。

时不复，郎不返，再见已是两鬓霜。

吾辈之后，村中再无剑客。

那一天，千军万马过独木桥，头悬梁锥刺股，奋尽全力。

那一月，一个自认为才华横溢、不甘平庸的少年，既受不了前人的唠叨，又看不清未来的方向，只是心中碎碎念着自由，畅想着诗和远方，便背起行囊离开家乡。

那一年，少年江湖梦，立志三千里。谁不曾年少轻狂、血气方刚？谁不曾克己奋发、胸怀激荡？谁不曾鲜衣怒马、气宇轩昂？

直到千帆过尽，方知柴米油盐非易事；直到青丝渐白，才懂得匆匆岁月不饶人。

饱尝世间冷暖，才明白江湖问路不问心；历经人情世故，终恍然木剑劈不断荆棘。

再回首，欲买桂花同载酒，终不似，少年游。

纵使青春从此落幕，记忆却永垂不朽。无论悲喜，哪怕荆棘，都是为了成就一个更完美的自己。

“东方欲晓，莫道君行早。踏遍青山人未老，风景这边独好。”只要人生有诗意，我们永远是少年。

时光荏苒，岁月如梭。

你是否也会在多年后，怀揣着满心的期待重回故地，去看看青春岁月中最难忘的地方？

当我踏入那条熟悉的街道时，却发现一切都已变得陌生。曾经热闹非凡的小吃街，如今冷冷清清；曾经熙熙攘攘的店铺，大多已换了招牌。街道两旁的建筑有了新的面貌，高楼大厦取代了原来的矮房……

不知不觉中，我走到母校门口，校名依旧，可校园的布局有了很大的调整：操场变得更加宽阔，教学楼也更加现代化。我努力寻找着过去的痕迹，那间曾经的教室、那张刻着我名字的课桌，却怎么也找不到了……

校园里的花园还在，只是花开得已不似当年的模样。我坐在花园的长椅上，回忆着自己曾经在这里与同学们一起晨读、聊天的日子。那些青春的脸庞、纯真的笑容，仿佛还在眼前。

在这快节奏的时代里，我们仿佛一直在向前奔跑，偶尔停下脚步回首望去，心中充满了失落。

时过境迁，一切都已物是人非，那些青春的梦想，那些热情的人……曾经的美好只能留在记忆深处，而生活还在继续，我们只能前行。或许，这就是成长的代价吧。在失去中学会珍惜，在变化中不断适应，是这样吗?

庄子说:“人生天地之间，若白驹之过隙，忽然而已。”只因逝者如斯夫，不舍昼夜。光阴似箭，转瞬即逝。回首来路，漂泊在红尘的我们，一路追寻，一路思索；一路相聚，又一路分散。在月圆月缺之间，无尽的欢乐已成往昔；在兴衰荣辱之中，众多的回忆化作泡影。

时过境迁，沧海桑田，我不再是曾经的那个女孩儿，熟悉的人也消失在了人海中。每个人都在变化，我们所处的环境也在变化。我们渴望拥有，却似乎总是在失去。

时间一分一秒地流逝，岁月一天一天地溜走，我们好像就是这样，总在高中的时候怀念初中，大学的时候怀念高中；工作了想着退休，老了又怀念青春。我们不断地怀念过去的某个时刻，殊不知，此刻就是最好的时候。

人生最大的遗憾莫过于老得太快，懂得太晚……

时间可以改变一切人和事，所谓沧海桑田，也不过是弹指一挥间。生命短暂，来日并不方长。

生活之苦，苦在固执；

人生之累，累在纠结。

爱情之痛，痛在痴迷；

岁月之伤，伤在回忆。

你贪恋什么，什么就会牵绊你；

你逃避什么，什么就会纠缠你。

你执着什么，什么就会束缚你；

你畏惧什么，什么就会胁迫你。

正如电影《美丽人生》里所说的：“真正困住一个人的，不是外在的困境，而是内心的恐惧。”

执念起，心即是囚室，而一个人走不出心的执念，到哪里都是牢笼。

所以，唯有放下执念，少一些纷争和僵持，多一些洒脱和宽容，才能打破心中的那道禁锢，真正收获内心的宁静与满足。

皆是人间惆怅客，岂有岁月可回头？人生如梦，何必过分执拗？

赫拉克利特说：“世界上唯一不变的就是变化。”时过境迁，物是人非，我们都在时光的洪流中不断前行。

是啊，时过境迁心已变，物是人非情难留。

荣华富贵，不如内心安宁。

高朋满座，不如有一人懂。

位高权重，不如逍遥自在。

众星捧月，不如真心相伴。

人的一生，其实就是一段不停拥有，又不停失去的旅程。没有永恒的成功，也没有不变的风景，过分执着于曾经的美好、现有的一切，就会被得失之念所禁锢。

人生漫漫，岁月无情。蓦然回首，一切都是过眼云烟，而你我，不过是这人世间的匆匆过客。所以，从此刻起，请珍惜所有的偶然相逢，看淡所有的悄然离去，忽视所有的世俗纷扰，放下所有的不尽如人意。学会放下，才能重新拥有；学会释怀，才能自在前行。

“悠悠岁月悄然去，漫漫往事随风飘。”往后余生，愿你我放下心中的包袱，不执拗，能开怀；浅相识，淡相守。好好生活，慢慢前行，不辜负每一缕阳光，也不错过每一次成长。

04

各有花期，盛时不同

⁂

看到身边的人都很成功，可自己却停滞不前，因此感到十分焦虑怎么办？

你知道竹子的生长过程吗？

竹子在三四年之中只能生长三厘米，可在接下来的第五年，它会一下子生长三十厘米，并在随后的六周内一下子蹿到十五米，成为参天大竹。

那么，它前几年在干什么呢？

其实，在你没有看到的地方，竹子的根系已经延伸了几百米。

人生也是如此。也许你现在所做的事情看不到成果，因为你不是在成长，而是在扎根。

刘邦 48 岁起兵反秦，屡战屡败，直到 54 岁一统天下；姜子牙 72 岁被封为太师，得以施展才华；吴承恩多次科举不中，写《西游记》时已年过花甲……

其实，每个人都有自己的节奏。天不生无用之人，地不长无名之草。静水深流，韬光养晦，看似不起波澜的日复一日，一定会在某一天让你看到坚持的意义。

愿大家大鹏一日同风起，扶摇直上九万里！

我们这一生，似乎都在匆忙中度过。

儿时，我们会因为成绩不佳而焦虑万分，内心极度害怕得不到老师和家长的认可，更担心被同学远远超过。每次考试成绩公布的那一刻，我们的心都像揣了只小兔子，七上八下、惶恐不安。

稍大一些，我们着急融入集体，特别害怕自己被孤立，无比担心交不到真心的朋友。看着身边的小伙伴们三五成群、欢声笑语，而自己却形单影只，那种失落与不安就像潮水般涌来。

中学时，我们一边被繁重的课业压得喘不过气，一边又担心自己考不上理想的学校。无数个夜晚，我们在台灯下埋头苦读，只为能在考试中多拿几分、多一丝希望。

毕业后，我们又因为工作而惶恐不已，一边担心找不到心仪的工作，一边又害怕在职场中被淘汰。面试时，我们紧张得声音颤抖；等待结果时，每一分、每一秒都是煎熬；初入职场，那种迷茫与无助席卷而来。

工作稳定后，我们着急升职加薪，忧虑职业发展遭遇瓶颈，害怕自己的努力得不到应有的回报。看着身边的同事一个个晋升，唯独自己原地踏步，失落和沮丧在心中不断蔓延。

到了适婚年龄，我们着急寻找另一半，成天担心自己会孤独终老，害怕错过那个对的人。相亲时的尴尬让人无所适从，恋爱中的争吵让人心力交瘁，婚姻中的琐事更是让人感到疲惫和困惑。

有了孩子后，我们着急让孩子接受最好的教育，忧虑着孩子的未来，害怕孩子输在起跑线上。我们为孩子报各种辅导班，操心孩子的学习和成长，一刻也不敢停歇。

…………

不知书前的你，是否正在经历上述煎熬，无能为力却又乐此不疲？一个个相同的夜晚，一个个相似的白天，循环往复……

回顾这匆匆忙忙的一生，我们似乎总是在着急、在焦虑。然而，此刻我不禁反思：我是否应该放慢脚步、静下心来，去感受生活中的美好，去珍惜当下的每一刻？

人生有固定的节奏吗？

苏洵年轻时并不喜欢读书，整日游山玩水，没有在学业上取得什么成就。他的哥哥苏涣和他周围的人都通过科举取得了功名，而他却还在人生的道路上徘徊。但是，他并没有因此而焦虑或急于求成。在他 27 岁时，他突然意识到自己应该有所作为，于是开始发愤读书。虽然起步较晚，但凭借着坚定的决心和不懈的努力，苏洵逐渐展现出了非凡的文学才华。

他用心研读经典著作，不断提升自己的文学素养和写作能力。经过多年的积累和沉淀，苏洵做文章日益精进。他不仅自己取得了很高的文学成就，还培养出了两个杰出的儿子——苏轼和苏辙。在苏洵的教导和影响下，苏轼和苏辙在文学领域大放异彩，父子三人被后世合称为“三苏”，一同被列入“唐宋八大家”。

其实，苏洵的经历在早年间对我的影响是深远的。

相信每个人在大学刚毕业时都是意气风发的，梦想徒手摘星辰，一日看尽长安花，可命运却跟我开了一个玩笑。一场重大的事故让我的身体受到严重创伤，在随后三年多的日子里，我无法外出工作，被迫在家安心休养。病痛本身不会要我命，但是它会摧毁我的意志，消磨我的梦想。

我的梦想、我的前途、我的爱情……我憧憬的一切仿佛都停滞在了那些年，就好像盛开的花朵被狂风吹落。

但是，怎么形容我自己呢？可能我生来就是一个破碎而又明媚的人。

在这里，我突然想起了一件我小时候的事儿。

记得小时候，每到夏天，老天就会像个喜怒无常的孩子，总会在不经意的时候突然下起暴雨。那倾盆而至的雨水，仿佛是从天上直接倾倒下来的一般。

我经常在各种不同的场景与暴雨不期而遇。有时是在放学回家的路上，我背着沉甸甸的书包，满心欢喜地想着家里温暖的灯光和妈妈准备的可口饭菜，暴雨却随即而来；有时是在和小伙伴们玩耍的间隙，我正沉浸在游戏的欢乐中，却被突如其来的暴雨打断。

每逢此时，我的第一反应和大多数人是一样的，总是狂奔回家，像一只受惊的小鹿，在雨中奋力奔跑，双脚溅起大片大片的水花。然而，无论我跑得多快，都无法避免被雨水浇得浑身湿透。

有一次，我满心只专注于赶快回家避雨这件事，眼睛直直地盯着前方，脚下的步伐越来越快，完全没有发现脚下隐藏着的大水坑。只听得“扑通”一声，我重重地摔倒在水坑里，溅起的泥水沾了一身。那一刻，我感觉自己狼狈极了，从头到脚没有一处是干爽的。

经历了那次的尴尬与狼狈之后，我的心态发生了奇妙的转变。我开始反思自己之前面对暴雨时的惊慌失措，那种只想着逃避却最终陷入更糟糕境地的行为是多么愚蠢。既然无法阻止雨水落下，那我为何不以一种平和的心态去接受它的洗礼呢？说不定，我会在这看似糟糕的情境中发现不一样的风景。

当我这样想的时候，内心涌起一股从未有过的轻松和坚定，仿佛找到了面对生活中一切未知的勇气和力量。

后来，再遇到下暴雨的情况，我再也没有像以前那样着急忙慌地避雨，而是按照自己的节奏，不紧不慢地去走、去停。哪怕雨水依旧毫不留情地打湿我的衣裳，我也不再焦虑烦躁。

我开始学会享受当下，静下心来倾听雨滴落在地面的声音，欣赏雨水在池塘里泛起的涟漪，感受雨水滋润大地的气息。换一个心情，我突然发现自己所遇到的一切都是美好的。那被雨水洗刷得更加翠绿的树叶，那在雨中绽放得更加娇艳的花朵，还有那被雨水洗净尘埃后更加清新的空气，都让我感受到了大自然别样的魅力。

就是从这件小事开始，我慢慢意识到，生活中的困难和挫折就像这夏日的暴雨，它们总是突然降临、无法避免，我越是急切地想要逃避，往往越会陷入狼狈的境地。我也渐渐明白，我的恐惧和匆忙并不能改变什么，反而会让我失去应有的冷静和判断。我告诉自己，要学会坦然面对，不再被外界的变化打乱内心的节奏。

我把这个道理称为“与暴雨的邂逅”。生活中的很多事情就如同这突如其来的暴雨，而当我们学会以平和的心态去面对、去接受、去欣赏时，便能在困境中发现美好，收获成长。

言归正传，在后来养伤的漫长日子里，我也会在独自熬过发烧后满心惆怅，那滚烫的热度刚刚退去，疲惫与虚弱就如影随形。望着窗外寂静的夜色，我心中涌动着难以言说的落寞，仿佛被世界遗忘在了这孤独的角落。

我也会在全身撕扯般疼痛的时候感觉无望，每一寸肌肤、每一块骨骼都仿佛在被恶魔狠狠地撕扯着，痛苦如潮水般一波波袭来，将我淹没，让我觉得未来一片黑暗，找不到一丝希望的曙光。

我也会看着自己日渐消瘦的身体感到厌恶，曾经的活力与朝气渐渐消散，镜子里那憔悴的面容、突出的骨骼都让我心生反感，仿佛这不再是熟悉的自己，而是一个陌生而脆弱的躯壳。

那时的我并不知道这些痛苦是否是暂时的，也并不清楚这一次的磨难会带给我什么，但我心中只有一个信念：坦然接受发生的一切，努力从中找寻哪怕一丝丝的美好。

既然病了，那就换个心情。我不再为身体的不适而唉声叹气，不再因暂时的痛苦而愁眉苦脸。

既然病了，那就换个心情。我试着去欣赏窗外那透过树叶洒下的斑驳阳光，感受它带来的温暖与希望。

既然病了，那就换个心情。我每天聆听一首舒缓的音乐，让那优美的旋律抚慰我心灵的疲惫。

既然病了，那就换个心情。我翻开一直想读却没时间读的书，让文字带领我走进另一个丰富多彩的世界。

既然病了，那就换个心情。我回忆那些曾经的美好瞬间，让幸福的记忆驱散病痛给我带来的阴霾。

既然病了，那就换个心态。我相信自己的身体有着强大的自愈能力，以积极乐观的心态助力我康复的进程。

从此以后，我珍惜当下，不再为眼前的困苦而感到焦虑。人生就是这样，你不能做这些事，你就去做那些事。

历经寒冬的种子，总会在春天绽放出绚烂的花朵。之前，我因为病痛的原因，与成为一名教育工作者失之交臂。现今，年近不惑之年，我不但在互联网上收获了众多粉丝，还成了一名高校导师。再回头看当年的那些焦虑、那些彷徨，我竟然觉得有些许可笑，但也实实在在地感谢那些年那个坦然的自己。

无论是多么的痛苦和挣扎，只要加入“不放弃、坚持努力”的配方，都可生成生命中宝贵的财富。我明白了，即使是疾病，也是上天的馈赠，是化了装的“礼物”。

人生没有固定的模式，每个人都有自己的节奏。只要心里一直有梦想，什么时候开始追求都不晚，以什么形式去实现都可以……

我们都有自己独特的步伐，不必急于一时，一切都会在恰当的时候到来。我希望你也能和我一样，意识到这一点，不再让匆忙和焦虑占据你的生活。

我不是一个很聪明的人，但我想，真正睿智的人，应该不骄不躁、徐徐前行；真正睿智的人，应该不逐名利、不慌不忙，安然坚守自我。

“欲速则不达，见小利则大事不成。”

这是我们熟知的至理名言，然而真正践行起来，却阻碍重重。

暂且不提面对升学、求职、升职等决定人生走向的关键抉择时，我们总是忐忑不安、绞尽脑汁，单单是每日与上级、同事的相处，我们都需要时刻告诫自己谨言慎行——言语须斟酌再三，行事须尽善尽美。

有时为了塑造“无懈可击”的形象，我们不但手头的工作要全力以赴做到极致，还要殚精竭虑地考虑他人的感受。忧虑、急躁、心乱如麻，就这样无情地束缚了我们，我们越发活成了自己厌恶的模样，却又难以挣脱。

所以，我格外钦佩一类人，就是那些仿若置身于自我的天地中，从容不迫、泰然自若的人。时光在他们那里似乎变得舒缓，又或者，他们拥有奇妙的“魔力”，能细腻地雕琢岁月，让一切都充满诗意。

活出自我的风采，不沉溺于往昔，不抵触于现今，不彷徨于未来。

心怀美好的憧憬，相信必然的美好，就这么坚定、用心地生活着，日子平淡无奇，却也无比充实。

真正睿智的人，总能体悟“最纯粹的欢乐”。

人生艰难之事屡见不鲜，能倾诉衷肠者寥寥无几。于是，许多人成天愁眉苦脸，好似整个世界都对他不公。只是，任凭你怨声载道，超出自身能力范畴的事情依旧难以改变。

那么，与其把时光和精力耗费在“令自己愁苦”的事情上，不如想方设法地让自己欢乐起来。

真正的睿智是一种柔和而不耀眼的光芒，一种深沉而不刺耳的声音，一种不再需要对他人曲意迎合的自在，一种终于停止向外界苦苦哀求的豁达，一种淡看喧嚣的浅笑，一种摒弃偏激的淡然，一种无须张扬的稳重，一种能够看得通透却又并不尖刻的境界。

岁月总是匆匆，人生亦是匆匆。

只是，切莫忘却，我们来这尘世一遭，并非仅仅为了“匆匆而过”。让自己变得睿智起来吧，做一个沉稳、淡定、豁达的人。

每一朵花都有独特的花期，每一个人都有别样的璀璨。你要坚信，无须急切，一切都会如约而至。

05

与爱情中的遗憾和解

入骨相思无人懂，爱而不得终可惜。

人生仿佛就是一场马不停蹄的遇见和告别，于车马喧嚣处、于人声鼎沸时，你我终归殊途。

目之所及，皆是回忆；心之所想，全是过往；眼之所看，尽是遗憾。是这样吗？

十年前，看周星驰的电影《大话西游》，我笑得没心没肺；随着年龄渐长，再看《大话西游》，我眼中竟流下了泪水。

初看不知剧中意，再看已是剧中人。

想要救紫霞，就要打败牛魔王；想要打败牛魔王，就要变成孙悟空；想要变成孙悟空，就要斩断情根。那一转身，天涯陌路。

不戴金箍如何救你，戴了金箍如何爱你……

故事的开头总是猝不及防，故事的结局总是天各一方。所以，我们在恍惚中明白，原来这世上总有一些事情，不是我们不想珍惜，而是真的无能为力。

人生本是一场修行，总有人会陪你走一程，该你遇到的人你躲不掉，该你经历的劫你逃不掉。

爱意随风起，风止意难平。笔笔都似天意，人生没有败笔。

喜欢你，大概是这个世界上最倔强、最没有缘由的事了。不是精打细算，不是一时冲动，而是突然间有了一个你，让我魂牵梦绕、难以舍弃。你是我平静时光里的意外惊喜，是我平凡日子里的璀璨星辰。

不论是黎明，还是黄昏，抑或是拥有静谧月光的深夜，我都想与你一同经历。别追问我为何钟情于你，就像蝶儿恋着花、云儿恋着风，我也不太明白这是为什么。我想，这就如同心跳，无须刻意，只因为是你。

邂逅你是故事的开篇，亲密相伴是余生的甜蜜。有一个中意的人真是太美妙了。我挥霍时光、蹉跎岁月的时候，觉得世间不过如此；但恋上你之后，我开始期望岁月永恒，觉得世间美好。你比我幸福，因为你能够决定爱我或不爱我，而我只能决定爱你或者更爱你。

张爱玲在文章中写道：“于千万人之中遇见你所要遇见的人，于千万年之中，时间的无涯的荒野里，没有早一步，也没有晚一步，刚巧赶上了，那也没有别的话可说，唯有轻轻地问一声：‘噢，你也在这里吗？’”一生不滥情，一情情一世。

你的出现，就似一阵风，吹拂着我的心田。情一旦动了，心便永恒不会更改。你是我文中的温柔，是我字里行间的缠绵，是我时光里无怨无悔的等待，更是我一生的眷恋。我想，这定然是上天的眷顾，让我邂逅了如此美好的你，可我却难以启齿言爱，唯有笔端滔滔不绝地倾诉着牵挂。

人都是重情的，于是生活之中便总会有一些人或情让我们心怀感动，而你就是我生命中的那个人。这个世界上最美妙的词莫过于“邂逅”。每个人的一生中都会经历千般万般，对我而言，唯有与你相逢，是我今生最美妙的邂逅。不知谁曾这般讲过：一生不长，也就匆匆数年，一定要和懂你的人相伴。我认为，这话甚是在理。

我不敢保证自己一生都会恋着你，但至少在陪伴你的时光里，我只想对你一人用心。纵使生活充满波折，我还是想把你纳入未来中，一生愉悦，不为尘嚣所扰。

纳兰性德的词总是能触动人心最柔软的地方，“人生若

只如初见”，那美好的瞬间仿佛定格成永恒，然而现实中的爱恨情仇却让人难以释怀。其实，心里装了一个人以后，真的便是这般舍不掉、挥不去，解不开爱恨情仇，斩不断相思眷恋。

那个人如同埋在心底的眷恋，在岁月的流淌中，化作一缕淡淡的芬芳，时不时地萦绕心间，带来甜蜜与忧伤的交织。或许，这就是爱情的魅力，让人在不经意间陷入其中，无法自拔。

有人说，生命中的每一次碰面都是前世的缘分，谁都难以避开。如果生命真有轮回，那么我期望生生世世都能邂逅你，因为这世间喧嚣如浮云，只有你是我唯一的爱之所钟、心之所向。

菲·贝利说:“最甜美的是爱情，最苦涩的也是爱情。”

我始终认为，爱情乃是这世间最令人心醉神迷的美好存在，因为爱情是唯一一种不存在血缘关系，却能够转变甚至凌驾于亲情之上的情感。

可人这一生就是一次旅行，没有永不凋谢的花，也没有永恒的繁华，更没有不散的缘分。时机一到，该谢的谢，该散的散。

在爱情的世界中，有一种遗憾叫有缘无分，明明两个人很合适、很相爱，奈何造化弄人，最终无法相伴一生。

情深缘浅的痛楚、爱而不得的无奈，让你痛苦不已。

深爱着，却不能相伴相随，这种无奈确实让人心痛难耐。可那些说不尽的相思、道不完的孤独、无可奈何的悲伤，仿佛早已是命中注定的。

两个人彼此倾慕、相互惦念，可最后就是无法相守，没有对错、没有缘由。分开后，纵使有千万个相见的冲动，却唯独没有一个能见的理由。感情里最大的悲哀莫过于爱上一个无法相依的人。我能够肆无忌惮地念你，却不能肆无忌惮地靠近你；我能够肆无忌惮地恋你，却不能真切地拥抱你。

到底什么是爱而不得？就是不见会盼，见又不妥。你的理性在提醒你，没有未来的情感要尽早抽离，但你的内心又在挣扎。到底是追逐还是舍弃，其实你心底早就有了定论，不是吗？

有一种爱与岁月无关，有一种情与偕老无缘。虽然爱已铭心、情已刻骨，可现实就像一道难以跨越的沟壑，把彼此牢牢隔在了两端。也许，念而不言、思而不忘才是最好的收场吧。

有一些人，明明很思念，却不能再联络；明明很记挂，却不能再惊扰。可能，人生最大的惋惜，莫过于碰到了一个你极想去爱的人，却又清楚两个人无法再在一起。到了最终才明白，让人痛苦的不是从未得到，而是始终难以忘记。

好庆幸在这茫茫人海里邂逅了你，可是更惋惜不能与你相伴。我这一生最大的憾事就是错过你，最后还瞒着所有人在心里默默地记着你。

千般无用是浓情，万般不顾是牵挂。我承认，我这一生都忘不了你，甚至连梦中都与你相依相偎，但是命运只准许我们一时相恋，却不准许我们永远相伴。说实话，那种想放下又不顾一切地爱着的感受，真的太折磨人了。然而，有结尾的都只是故事，没结尾的才是生活。爱你却不能在一起，所以我只能悄悄地把你藏在心底。

念旧情的人真的难以承受这些。那些亲吻的瞬间、陪伴的温馨，以及你的眼神和许下的承诺，让我恍惚觉得我们还没有终结。可真真切切的现状却告知我，我们已经渐行渐远，再也没有交会的可能，也永远定格在了那个春天，剩下的只有失落和不甘飘散在风中……

怎么会不惋惜呢？毕竟真情付出过、真心爱过，最后还是有缘无分。那些许下的誓言、未能去的音乐会、未能即刻出发的冒险，都停滞在了我们分别的那一天。有人说春天萌芽的爱情熬不过当年秋天，我们也未能逃脱。

入秋，偶然看到了你的消息，说："秋天就不要再念春天的事了。"是啊，今年秋天，我也有许多开心的瞬间，却再也没有机会向你倾诉……

人生便是如此，所有的事理都有逻辑，但唯独"情"这件事，谁也说不清、道不明。

如果忘不掉，那就不要忘。人这一辈子，总有一道伤是没有良药的，总有一些爱点燃了你炽热的瞬间，却温暖不了你往后的时光。

我们真的无须懊悔，风花雪月都得随缘。月色再美，不在身旁亦是徒然；庭院再深，不属于你也是枉然。其实，目睹过月圆就好了，何必遗憾云遮月隐。所有不合时宜的邂逅都令人惋惜，终不过是意难平……

什么是意难平呢？就是你碰到了一个独特的人，你爱着他，却最终无法相伴相依，或早或晚都必须舍弃。

可悲哀的是，你根本就割舍不下，也难以忘却。你睡梦中都是他的模样，所以你内心不停地挣扎。就这样，一直反复纠结、牵扯着。可能，这就是意难平吧。

如果注定做不了爱人，又舍不得放下，那就以朋友之谊继续相伴，幽幽地喜欢，不亲不疏地欣赏，把他当作知音一样吐露心声、排遣烦忧，唯独不要再说“我爱你”。

如果说，喜欢是渴望拥有的执拗，那么爱就是欲触及却又收回手的隐忍。因为不可否认，在爱情的领域中，有一种哀伤叫有缘无分，叫明明很心动、很痴迷，奈何缘分浅薄，奈何命运弄人。

虽然心痛，但深深知晓：若未经历，怎懂珍惜。

虽然悲催，但清楚了解：若未失落，怎知珍贵。

最后才知，这世间的爱而不得比比皆是。

在我的公众号后台，常常能看到接连不断的留言，字里行间，尽是爱而不得的落寞、满是望而不能的哀伤，仿佛怎么也逃不出这情感的樊笼。

此刻正在书前的你，不知是否曾有过这样的经历，是否也曾承受过这样的情殇？

我曾经看到过这样一个故事。

1953年的那个夏天，于贝尔·德·纪梵希（Hubert de Givenchy）与奥黛丽·赫本（Audrey Hepburn）初次相遇。那时的赫本，短发干练，双眸纯净如小鹿，独特的气质瞬间吸引了纪梵希。而彼时的纪梵希，已在时尚界崭露头角。

一次，赫本为电影《龙凤配》挑选戏服，但多次预约纪梵希未能如愿，只能在过季的衣服里挑选了三套。令人惊叹的是，这些衣服在赫本的精彩演绎下绽放出全新的魅力。

纪梵希设计的小黑裙，让赫本在电影《蒂凡尼的早餐》中的演绎成永恒的经典。他调制的“禁忌”香水，前三年只为赫本一人使用。那初次的相遇，仿佛是命运的安排，开启了他们一生的牵绊。

在纷繁复杂的娱乐圈中，他们的情谊延续了整整一生。

赫本的情感之路充满曲折。她历经三次婚姻，却始终未能寻得长久的幸福。而纪梵希能给予她的，只是一套又一套精心设计的“嫁衣”。

赫本离去后，纪梵希依旧无法忘怀，便通过出版主题书籍来缅怀那段珍贵的过往。赫本在弥留之际，将纪梵希为她设计的25件礼服全部归还，并留给纪梵希一件大衣，深情地说：“当你觉得孤独时，穿上这件大衣，就好像我紧紧拥抱着你。”

他们的故事让我深深思考过爱情的真谛。

爱情，也许并非仅仅局限于恋人之间的亲密关系，它可以是一种无私的奉献，是默默的陪伴与支持，是不计回报的付出。纪梵希对赫本的情感，超越了世俗的占有与欲望，是一种纯粹的欣赏和守护。他们之间的爱，不被婚姻的形式所束缚，却在岁月的长河中熠熠生辉。

真正的爱情，或许并不总是以圆满的结局收场，但它所留下的美好与温暖，足以照亮彼此的一生。

而我们来到这个尘世，是来赏雪怎么飘、风怎么吹、月亮怎么圆满、星辰何时闪烁的。

在那些霜染过的时光里，曾有我为你吟唱的歌谣；雪落过的日子里，曾有我为你留下的足迹；雾漫过的天空里，曾有我为你抒发的情思。你不经意间踏入我的生活，成为我生命中的一道亮色，这段缘分值得我用一世去珍视。

珍视所有偶然相逢，看轻所有悄然离去，尽心力、顺自然。生活除了存亡，其他都是琐事。愿我们未来向往的都能得到，错过的都能释然，好好度日，缓缓相逢，该来的都在途中。一生不长，其实没有什么恍然大悟，无非是步步艰、步步醒，边行边醒……

人生其实有许多事物可多可少，可留可舍……

06

孝心不待时

“树欲静而风不止，子欲养而亲不待。”

我曾说过，这世界上绝大部分的爱都是为了在一起，唯有父母的爱注定是一场渐行渐远的分离。

年年岁岁花相似，岁岁年年人不同。只见青丝变白发，两鬓斑白已成霜。

好像我们成功的速度总是追不上父母老去的速度，风平浪静的日子也藏不住父母脸上那一道道皱纹。

父母在，人生尚有来处；父母去，人生只剩归途。

从此，世间大雨滂沱，无人再为你背负太多。这才明白，原来孤独的定义不是没有人陪伴，而是那些再也没有了你们的未来。

我想，人世间最大的痛苦，莫过于生离死别；人世间最远的距离，莫过于天堂和人间。所以，人生最大的遗憾就是“子欲养而亲不待”。

百善孝为先，论心不论迹，论迹贫家无孝子，无愧于心便不留遗憾。

别难过，我听过这样一段话，或许可解你心中郁结：亲人离世，就是你在学校，他在赶集；你在家里吃饭，他在地里干活；你去地里找他，他又恰巧回到了家。他永远都在，只是今后每次都会擦肩而已。

尽孝要趁早，莫待黄昏后。

“父母与子女之间的牵挂是如此深沉：父母在子女的成长日记上书写希望，子女在父母的病历本上记录忧愁；父母引领子女走向广阔世界，子女陪伴父母面对生命尽头；父母为子女筑起温暖港湾，子女为父母寻觅安息之所；父母在子女的生日宴上点亮烛光，为新一岁的开启满心欢喜，而子女在父母的墓碑前献上鲜花，为永远的离去悲痛欲绝。”

我想，人生最大的遗憾就是“子欲养而亲不待”，世间最深的悲哀乃是“情未表而亲已逝”。

在我记忆里，从咿呀学语到蹒跚学步，再到能肆意奔跑，童年的时光是被太爷爷的爱满满包裹着的。当我慢慢长大时，太爷爷却在岁月的侵蚀下变得越发年迈。可那时的我，年轻得不像话，满心都是对外面世界的好奇和向往，根本没有意识到太爷爷正在慢慢老去，更没有想过有一天他会永远地离开我。

那时，我总是迫不及待地冲出去和小伙伴们玩耍，觉得太爷爷的故事太陈旧、他的唠叨太烦人。我以为，日子会一直这样过下去，太爷爷会一直在那个熟悉的角落里等我回家。

可世间的人和事大抵都是这样，来来往往，聚散无常。即便是最为亲近的亲人，也总有一天会在命运的洪流中离我们而去。他们或许会在某个不经意的瞬间，如同风中的落叶悄然飘逝，只留下我们在这尘世中独自怀恋那曾经的温暖与陪伴。

我曾经无数次后悔过，怎么就没有多陪陪他，哪怕只是安静地坐在他身边，听他讲讲过去的岁月。那些饱含着欢笑与泪水、艰辛与奋斗的往昔，如今都已化作回忆中的一缕轻烟。

这么多年过去了，这份伤痛从未真正离去，它隐藏在心底深处，在某些不经意的瞬间，比如，看到和太爷爷相似的背影、听到一首熟悉的老歌时，就会隐隐作痛。

我常常在想，如果能回到过去，我会耐心地听他把每一个故事说完，陪他度过每一个相聚之时的日出日落。可人生没有如果，只有无法弥补的遗憾。但也正是这份遗憾，让我懂得了珍惜眼前人、珍惜每一个和亲人相处的瞬间。

正如孟子所说的：“惟顺于父母，可以解忧。”岁月如流，生死轮回。今朝之子女，便是明夕之父母。人生是一首曲，曲的前奏是父母，曲的尾声是孩子。你在曲的中段徘徊，一步一踌躇、一步一迷茫，回望前奏，眺望尾声，眷恋一生，怀念一世，哪一段都不愿舍，哪一段都不得不舍。失去前奏，没有人会无条件包容你，再也没有充满温暖的避风港，你满心思念也无人回应，只剩自己黯然神伤。父母离去，这世上就再也没有偏袒会围绕你。你会明白，没有哪份情谊能够永恒不变，只有父母的爱毫无保留，不论谁人曾说“我陪伴你啊！”。

亲人的离去，不是一场风暴，而是一生的迷雾，将我们永远困在这迷雾中，在看似平静的日子里，会瞬间掀起情感波澜。亲人的离去，真正让人痛苦的，从来都不是知晓他们离开那一刻的悲痛，而是独处时的某个瞬间，突然忆起与他们相处的琐碎时光却无人分享，那是一种难以言喻的折磨。一件厚实的棉衣，让我们想起母亲；一句鼓励的话语，让我们想起父亲；一次温馨的团聚，让我们想起父母家人……他们无处不在，却又无处可寻。他们离开了，却留在我们心底。

孟郊在《游子吟》中写道：“谁言寸草心，报得三春晖。”父母与子女之间的情谊珍贵无比，让我们珍惜还能相聚的每一分、每一秒。永别总是残酷的，只能当作你在追梦，他们在背后支持，只是今后每次都会擦肩而过。

爱宛如一场无尽的轮回，你沿着父母曾经走过的道路步步攀登，最终才缓缓领悟，所谓真正长大成人，实则是你日复一日地更接近广阔天空，而父母却一寸又一寸地回归尘土，逐渐远去。

所以啊，百善之中孝道为先，践行孝道一定要趁早，切莫让父母久久等候，千万别让这份等待最终化作满心的遗憾。常回家看一看，这便是给予父母最为珍贵的礼物。

07

安然面对世间万千变化

人生的路途宛如飞鸟的轨迹，常常偏离预想的路线，需要穿越未知的风雨。有时迷失在认知的丛林中，有时又在空中犹豫徘徊。目光局限于自身的短浅，难以看清世界的全景。

不必拼命逆风飞翔，顺应自然，暂且沿着这尘世的道路继续前行，在星辰之下，静候曙光的降临。回首过往，已经走过漫长的旅程；面对兴衰，学会看淡得失，随遇而安。

尤为重要的是，我们最初是完整且独立的个体，然后才承担起各种角色。不轻易依赖他人，这样才能拥有自我和自由。

梦想与现实，两个差异巨大的世界，相互参照。在现实中，品尝生活的酸甜苦辣；在梦想中，释放心灵、抒发情感，构建另一个心灵的家园。梦想，是心灵的栖息地。

成年人的世界，满是妥协和无奈。那些台上的激情与澎湃，在现实面前有时显得虚弱无力，真正影响事情走向的，往往是那些看不见的人情与利益。

学会承受委屈，云淡风轻，是生活的必备技能。江湖无处不在，只是你还没学会在其中自在游走。勇敢面对现实的窘迫，接受自己的平凡。

俗话说：世间本无事，庸人自扰之。一个人若总是无法快乐，很大程度上是由于无法释怀。

总是争执不休，心怎能不疲惫不堪？总是满腹牢骚，心怎会不苦涩难言？总是心怀愤懑，心怎能不郁积难消？爱别离时，苦苦纠缠，心怎能不破碎？求不得时，痴痴执念，心怎会不煎熬？

在这漫长的一生中，我们会邂逅各种各样的人，经历五花八门的事，倘若对每一件事都要争论个是非曲直，强求他人遵循自己的想法行事，那生活该是何等的心力交瘁。

杨绛先生说："我和谁都不争，和谁争我都不屑。"水之所以能够汇聚于大海，是因为它甘愿低下头颅，以谦逊的姿态奔腾向前；山之所以能够屹立不倒，是因为它不与其他山峰争高论低，默默坚守着自己的一方天地。

人亦是如此。那些心胸宽广之人，从不为蝇头小利锱铢必较；那些懂得放下之人，生活总是轻松惬意。

所以，别去争，越争心越累。就像寒山问拾得：“世间有人谤我、欺我、辱我、笑我、轻我、贱我、恶我、骗我，如何处置乎？”拾得说：“只是忍他、让他、由他、避他、耐他、敬他、不要理他，再待几年，你且看他。”有时候不争，反而能收获更多。不争，实乃一种大智若愚的争。

别去怨，越怨心越苦。泰戈尔曾言：“如果你因错过太阳而流泪，那么你也将错过群星。”你怨或不怨，事情已然发生，与其在怨怼中备受煎熬，不如洒脱释怀。

别去恨，越恨心越气。人生之旅，难免会遭遇一些品行不端之人，倘若将他们带来的伤害在心中反复回味，不仅会让自己难以释怀，更会让生活蒙上阴霾。但若是淡然一笑，不为不值之人动怒，日子自能过得有声有色。

面对爱别离，莫要过度执着。正所谓“命里有时终须有，命里无时莫强求”，缘分尽时，坦然放手，让过去的美好留存心间，而非让痛苦的别离将心吞噬。

面对求不得，更要学会放下。如同庄子所言：“以瓦注者巧，以钩注者惮，以黄金注者殙。其巧一也，而有所矜，则重外也。凡外重者内拙。”过于执念所求之物，心便会被困住，放下求不得的执念，方能发现身边的美好。

人生短暂，放下执念，方能自在前行，拥抱真正的幸福与安宁。

星云大师说：当你的心境越发澄澈之际，就能够开始包容身边的所有人。

没有优劣，没有是非，只是他们置身于一个别样的情境中，呈现出别样的姿态，做出了别样的决策，产生了别样的言论和举动。

所谓的阅历丰富，并非品尝过多种稀世佳肴、领略过许多绝伦风光，而是安然接纳世间形形色色的人和事，能拥抱广袤天地，也能承受世态炎凉。平和而具韧性，谦逊却具底蕴。

越是阅历丰富的人，越不会随意对他人恶语相加。他们知晓尊重与体谅，即便身处高位，仍旧能够保持和蔼可亲。

当人情冷暖在你眼前逐一展现，当各种超乎想象的举止在你眼前暴露无遗时，你却十分淡定与从容，因为你早就历经世间万象、悟透人间之道、洞察众生之态。

阅历就是领略过生活的每一处，见识过最佳的，了解过最糟的；见识过生活的灿烂与黯淡，感受过人心的单纯与复杂；允许所有的可能，允许一切顺其自然；能想象到成功的人可以成功到何种程度，也能体悟到失败的人可以失败到哪个境地；在他人面前不骄不躁，可以与其平和共处；既被奢华冲击过，也被朴实触动过。

配得上最优的，扛得住最劣的。在这两者之间衡量一个生命的广度，我们的内心就会萌生出善良和宽容，也就会认可、接纳、包容、关爱、坦诚。

活在这个世界上，我们要允许一切发展，这才是真正的强大。允许别人成别人，自己做自己。勿在他人脑海中塑造自己，勿在自己心里强迫他人。人间非净土，各有各的好，各有各的忧。

所期所不期，不如随遇而安；所获所未获，都不如心平气和。

第二章

CHAPTER 2

情感

Do you
have
any regrets
……

01

爱情与婚姻

✳

最初，在着手撰写这本书之前，我在内心里不停地徘徊，犹豫究竟要不要去触及婚姻，要不要去探讨爱情。

这是我头一回踏上写书的旅程，在此期间请教了许多先行的前辈，他们向我热忱地传授了众多有关写书的方法和创作的理念，我受益匪浅。不过，其中有一个善意的提醒确实让我纠结良久。由于这本书意在围绕人生哲理、感悟展开书写，如果贸然地加入爱情与婚姻的元素，或许会显得有些突兀，可能会影响整体的和谐与连贯。

但我辗转反侧、深思熟虑，爱情与婚姻怎会不是人生哲理的关键构成呢？于尘世之中行走，何人能逃避这两大至关重要的命题？倘若刻意规避，想必会使此书欠缺完整，难以全然展现人生的全景。

爱情，恰似一团炽热的烈焰，既能给心灵带来温暖的慰藉，亦能让灵魂遭受灼伤之痛。它指引我们领悟付出的真谛与包容的胸怀，使我们明晰珍惜的价值和放手的尺度。

婚姻，实则是一场旷日持久的修行之旅，需要双方凭借坚忍的耐心和超凡的智慧去精心打理，于柴米油盐的庸常岁月里洞悉责任与担当的要旨。

我们在爱情的国度里追寻激情的绚烂与浪漫的旖旎，却也要在婚姻的殿堂中直面平淡的质朴与琐碎的繁杂。这期间的每一个瞬息，都隐匿着深沉的哲理：春风得意时切勿骄纵轻狂，失意落寞时切莫灰心气馁；身处繁华喧嚣能坚守纯净本心，陷入困窘落寞能奋发自强不息。

我殷切地渴望能在这本书里毫无保留地倾诉自己对婚姻、对人生、对世间万物的深刻领悟与真情实感。依旧是那句话，我只想做最真实的自己，不问归期、不计结果，只愿能够在这文字的天地中，坦诚且真挚地抒发内心的所思所感。

于是，我不再踯躅犹豫，毅然决然地将爱情与婚姻纳入其中，全力以赴地寻找它们与人生哲理之间的精妙联系，衷心期望能够触发你对人生更为深刻的思索，让你在阅读之中收获独属于自己的那份智慧光芒。

以下是我对爱情与婚姻的一些新的感悟，与你闲谈一二。

近些年，我在工作上虽取得了一定的成就，在短时间内有所进步，但我深知，若只顾着事业的打拼，而忽略了爱情与婚姻的经营，那便是得不偿失。

其实，爱情与婚姻是一个亘古不变的话题。古往今来，它们被一次次地书写，却鲜有人能尽述其真谛，被一次次地论及，却仍旧新意迭出……

曾经听人说:“婚姻是一本书，第一章写的是诗篇，而其余则是平淡的散文。”当时未曾深思，如今才渐渐领悟。

爱情是什么？它或许是梁山伯与祝英台那生死相随、化蝶共舞的凄美绝唱，或许是罗密欧与朱丽叶冲破家族藩篱、勇敢双向奔赴的炽热之心，又或许是平凡夫妻间相濡以沫、平淡温馨的日常陪伴。

于我而言，爱情是两颗心的怦然相遇，是灵魂的深情相拥，是那瞬间的心动幻化成绵绵无尽的牵挂与眷恋。

而婚姻呢，恰似爱情的成长与延续，承载着更多的责任与担当。它不单单是两个人手牵手的结合，更是两个家庭的融合、两种生活方式的磨合与协调。在婚姻的世界里，我深知，我们不仅要邂逅风花雪月的浪漫，还得面对柴米油盐的琐碎、养育子女的辛劳，以及携手应对生活中林林总总挑战的压力。

我对这些观点的理解是抽象却又具体的，正如这个事物的本质也是虚幻且真实的，且把它分为三种形态吧。

肉体生活，遵循快乐原则。单纯追求性的快乐往往是短暂且缺乏深度的，它只是一种生理层面的本能需求。

精神生活，遵循理想原则。我在自己的经历中体会到，爱情让我们怀揣着对美好与纯粹的向往，甚至无视现实的阻碍，沉浸于心灵的交融。

社会生活，遵循现实规则。亲身经历和所见所闻都告诉我，婚姻涉及诸多现实因素，如家庭责任、经济状况、社会关系等，需要我们用务实的态度去经营和维系。

其实，我这个观点也是在周国平老师的书中获得的启发：性是肉体的交融，爱情是心灵的契合，婚姻是生活的融合。没有性的婚姻是缺乏稳固基础的，没有爱情的婚姻是充满痛苦折磨的，没有婚姻的爱情是有违道德规范的，没有婚姻的性是触犯法律红线的。

爱情不一定会走向婚姻，爱情是男女双方相互爱慕的体现，而婚姻会受到双方的世界观、人生观，以及家庭教养、经济状况、文化程度、生活经验、社会条件等多方面因素的影响。旧时代讲究门当户对，新社会追求男才女貌，这样的爱情所形成的婚姻基础坚实，不易分崩离析，能长长久久，从而实现性、爱情与婚姻的和谐统一。

我认为，这个观点是非常正确且客观的，可要想做到知行合一却又难上加难。性、爱情与婚姻的完美统一，才是人类社会理想的生活状态。但是我们也说了，这是“理想”，那么理想是什么？理想是可望而不易求的，可“理想”也总会让人对生活充满美好的期待……

其实从古至今，无数文人墨客用他们饱含深情的笔触描绘着爱情与婚姻的动人画卷。《诗经》中那句“执子之手，与子偕老”，让我感受到爱情的忠贞不渝；苏轼笔下“十年生死两茫茫，不思量，自难忘”，诉说着爱情在生死别离后的刻骨铭心；钱锺书在《围城》里对婚姻的深刻洞察，让人对婚姻的复杂多了几分思索。

所以我想，爱情是婚姻的基石，没有爱情的婚姻就像失去源头的溪流、没有根基的大树。然而，仅有爱情，也未必能成就一段长久美满的婚姻，因为婚姻需要双方用包容去化解矛盾、用理解去温暖彼此、用信任去筑牢根基，更需要共同努力去精心经营。

在现实生活中，我看到过因爱情而结合，却在婚姻中渐渐迷失的遗憾；也看到过起初平淡如水，却在岁月的磨砺中孕育出深厚感情的美好。

在当今这个瞬息万变的社会，随着观念的悄然转变和生活节奏的日益加快，爱情与婚姻面临着全新的挑战与机遇。人们对爱情的追求变得更加自由奔放，对婚姻的选择也越发谨慎小心。

但无论时代怎样变迁，爱情与婚姻一直都是我们内心深处最温暖的港湾、最深切的渴望。

爱情也好，婚姻也罢，相关的话题实际上数不胜数。然而，在撰写这本书时，我经过深思熟虑，还是精心挑选了几个我自己由衷喜欢并且理解颇为深刻的话题，渴望能和你展开深入的讨论。

这些话题，有的或许是常见却常被忽视的细微之处，有的可能是长期存在争议却始终没有定论的焦点问题。但无论是哪一种，它们都曾在我的内心深处引发过强烈的共鸣和深刻的思考。

我希望通过分享自己的见解和感悟，能够与远方的你共同探索爱情与婚姻的真谛，一起剖析其中的酸甜苦辣，共同寻找那些能让我们的情感生活更加美满、幸福的智慧和方法。

02

喜欢重要还是合适重要

喜欢重要还是合适重要？

我听到过一些说法：

有人说，宁愿在爱情里留遗憾，也不给婚姻留隐患；

还有人说，和喜欢的人恋爱，和合适的人结婚。

乍看这两种说法好像都挺有道理的，可是这真的是你想要的状态吗？

爱情的遗憾，不就是婚姻中最大的隐患吗？

其实你有没有想过，喜欢和合适不一定是单选题，但你一定要选择自己不后悔的答案。

所以，我们需要的是去强大自己自主筛选的底气，而不是被迫接受退而求其次的选择。

与其去痛苦地取舍，不如去努力寻找一段双向奔赴的关系。

如果书前的你正在思考“喜欢重要还是合适重要”这个问题，我相信你的脑海中一定掀起了一场惊涛骇浪般的思想风暴。

在敲下这些文字的时候，我的心是难以平静的。在漫长的人生旅程中，我见证了太多人在爱情与婚姻的分岔路口犹豫不决、满心迷茫，也听到过太多“宁愿在爱情里留遗憾，也不给婚姻留隐患”及“和喜欢的人恋爱，和合适的人结婚”的言论。不知书前的你是否有过犹豫、彷徨、不知所措……

后来，在我经历过足够多的事情后，我才稍稍对这些观点有所感悟。很多爱情与婚姻的种种论调，初看时似乎句句在理，可当我们沉下心来细细琢磨时，却仿佛总觉得缺失了某些至关重要的拼图碎片。它们宛如梦幻却缥缈的泡影，外表绚烂迷人，却让人难以触摸到其内在的真实核心。不知你是否有这样的感觉？

爱情与婚姻，当真能被这般简单地定义和划分吗？难道就不存在一种更为周全、更为深邃的解读之道吗？

思来想去，我决定分享一个身边朋友的故事，我期望这个真实而鲜活的故事能够为你在这纷繁复杂的情感迷宫中点亮一盏小小的明灯，哪怕只能给你带来一丝启示，哪怕只是一点点的帮助，也足以让我感到欣慰。

我的好朋友婷，与初恋相识于大学时期，随后互相吸引、陷入热恋，那是一段如梦如幻的时光。他们一起漫步在校园的小径上，倾诉着彼此的梦想和心事；在图书馆里相互陪伴，为了未来共同努力。青春时的爱恋总是那样明媚，可以对未来不假思索，只靠着一股不管不顾的热情，肆意挥洒着青春的活力，无所畏惧，相信一眼万年、相信命中注定、相信真爱无敌，便可相伴一生。

我想，在说起这段话时，你会有很多共鸣，毕竟我们都是从那个青涩美好的年代一步步走来的。不管当下身边的人是否依旧是最初的那一位，那份热辣滚烫、激情四溢的记忆，犹如大火肆虐后的痕迹，火虽灭了，可那道疤却永远留存，并化作心灵深处永恒的印记。

然而，现实和理想大多都是背道而驰的。毕业后，现实的种种压力接踵而至，如沉重的巨石，压得他们喘不过气来。工作的繁忙让他们相聚的时间越来越少，婷常常加班到深夜才回到家，却只能面对一室的冷清。生活的开销逐渐增大，房租、水电费、日常的吃穿用度，每一项都让他们感到压力倍增。

然而，双方家庭又对他们的未来有着诸多的要求和期望。婷的父母希望她能找一个经济条件更好、有房有车的伴侣，而男方的家庭则希望他能专注于事业的发展，早日晋升，先不要顾及儿女情长。

在这些重重压力之下，他们开始为了一点小事争吵，曾经的理解和包容逐渐被消耗，感情也出现了裂痕。

那段时间，婷经常找我谈心，她说她真的好累，不知道该怎么选择，一边是深爱的他，一边是无法逃避的现实。我是心疼她的，却不知如何才能真正帮到她。

最终，婷没能抵挡住现实的冲击，选择了一个在旁人看来“合适”的人走进了婚姻的殿堂。婚礼上，婷穿着洁白的婚纱，妆容精致，可笑容中似乎带着一丝无奈和苦涩。

婚后，婷还是会时常与我相聚，跟我诉说她的心事，但我们不约而同地都不再提及曾经。

很多年后，不知为什么，她变得喜欢回首过往，经常会谈及那段时光的一些人和事。她说，每当看到身边的那个人时，还是会想起曾经深爱过的他。

那个“合适”的人虽然在物质条件上能满足她的需求，会给她买昂贵的礼物、带她去高级餐厅，但他们之间缺少心灵的沟通和情感的共鸣。

每当夜深人静时，婷独自一人躺在床上，曾经在爱情里留下的那份未尽的遗憾，就如同潜藏在黑暗中的幽灵，时不时地浮现出来。她会想起和前任在一起时的那些浪漫瞬间、那些心有灵犀的时刻、那些只有他们彼此懂得的小默契。

作为朋友，我陪着婷一起叹气，一起感慨命运的无常。我们对这样的结局充满了无奈，这份遗憾像一层挥之不去的阴影，笼罩在她的心头。

她在这段婚姻中变得越来越沉默、越来越迷茫，而我看着她这般痛苦，却又无能为力，只能在她需要的时候给她一个温暖的拥抱，听她倾诉那些无法言说的伤。

我也曾在无数个寂静的深夜里独自陷入深深的思索。我想起卓文君与司马相如那段流传千古的爱情佳话，他们勇敢地冲破了门第的束缚，凭借着心中那份纯粹的喜欢，毅然走到了一起。然而，当生活的琐碎和现实的磨砺接踵而至时，当初那份炽热的喜欢是否真的足够强大，足以支撑起长久的合适与和谐?

还有那唐玄宗与杨贵妃的爱情悲剧，纵然他们之间有着刻骨铭心的喜欢，却终究在种种现实的困境和权力的争斗中走向了破碎。

这些真实发生的故事和历史中的传奇，让我越发深刻地认识到，喜欢与合适不应被简单地视为一道非此即彼的单选题。我们之所以常常深陷这样的困惑与纠结之中，很大程度上是因为我们缺乏对真爱的坚定信念和对自身价值的充分自信。

也正是基于这些身边人的亲身经历和那些令人感慨万千的历史爱情故事，才促使我提起笔，希望通过这些文字，帮助正在面对此困惑的你，正视内心深处对于美好爱情与理想婚姻的执着追求，鼓励在情感道路上徘徊的你勇敢地去强大自己的内心。

爱情、婚姻，向来没有清晰明确的定义、没有统一的标准，它们绝不应活在别人审视的眼光和议论的嘴巴里。所以，不要轻易被外界纷繁复杂的声音所左右，要坚定不移地守住自己的信念，勇敢地走自己认定的道路，去寻觅那个既能让你心潮澎湃、心生欢喜，又能在充满烟火气的现实生活中与你相濡以沫、携手同行的伴侣，去拥抱那份契合自己灵魂的情感。

愿书前的你能在爱情与婚姻的漫漫征途中，少一些刻骨铭心的遗憾，多一些温馨圆满的结局。

“一段好的感情可以治愈一半的人间疾苦”，我认为这句话是对的。尼采曾讲:“是金子总会发光，但如果是石头，到哪里都不会发光。”可是，只有爱情是如此的奇妙，因为一段好的感情能让我们即使身为平凡的“石头”，也能闪耀光芒。

03

什么样的爱情才是健康的

爱情是什么？

我们经常会把爱情比作一阵风，时而温柔，像山谷风般清新拂面；时而疯狂，如龙卷风般排山倒海；时而热烈，若海陆风般激情洋溢；时而刺骨，似冰川风般凛冽难耐。

看不见，但无处不在；摸不着，又左右了你的情绪。是这样吗？

所以，到底什么样的恋爱才能让你感受到真正的美好？

是给他买贵的礼物，还是给他制造大的惊喜？我认为都不是，而是有风似无风的陪伴，是下意识的惦记和潜意识的偏爱。

所以，恋爱应该是舒适的。

这个世界上没有天生般配的两个人，只不过是一个“懂得”便能写满日久天长。我懂你的欲言又止，你知我的言外之意；你心疼我的不容易，我宠你的小情绪。

我想，健康的爱情大概就是我让你心动，你让我心安吧！

爱情，是不慌不忙，是心之所向。愿你一次遇到对的“他”，一次走到底！

在纷繁复杂的情感世界中，我们都在追寻一种理想的感情状态。那么，什么样的爱情才是健康的呢？在我看来，健康的爱情应当是让两个人在一起感到安心。

法国作家罗曼·罗兰说：“世上只有一种英雄主义，就是在认清生活的真相后依然热爱生活。”在感情中，也只有一种健康的模式，那就是在看清彼此的优缺点后依然愿意相互陪伴、一起成长。

我一直认为，爱情并非对完美对象的盲目追求，而是在接纳对方不完美的过程中，共同塑造更美好的彼此，互相治愈、互相滋养，是轻松的、愉快的。

德国哲学家黑格尔说：“矛盾是推动世界发展的动力。”感情中的矛盾与差异，若能以正确的方式处理，反而能成为促进感情升华的契机。

在健康的爱情中，双方既能共享欢乐，也能共担痛苦。在风雨同舟中相互扶持，在岁月静好时相濡以沫。无论遭遇何种困境，都能坚定地站在彼此身旁，给予彼此力量和支持。这种同甘共苦的决心，会让感情在岁月的洗礼中越发坚固，也让彼此的心灵得到慰藉和安宁。

下面分享一个英国诗人伊丽莎白·巴莱特和罗伯特·白朗宁的故事。

伊丽莎白·巴莱特，一位才华横溢的女诗人，早年被孱弱的身体所困，多年瘫痪在床，生活仿佛陷入了无尽的黑暗。然而，罗伯特·白朗宁的出现，如同划破黑暗的一道光。

白朗宁被巴莱特饱含深情与智慧的诗篇深深吸引，进而对她本人萌生了炽热的爱意。尽管巴莱特年长于他，健康状况更是令人担忧，但这丝毫没有阻挡白朗宁追求真爱的脚步。仅仅见面三天，他便勇敢地写信向巴莱特求婚，这份果敢和深情令人动容。

正是这份真挚深沉的爱情，赋予了巴莱特超乎想象的力量与勇气。在爱情的滋润下，她原本脆弱不堪的身体竟逐渐好转，甚至能够下地行走。因为爱情，她的生命奇迹般地多延续了十五年。

他们的爱情故事宛如一部传奇，但是我对此深信不疑。

我曾一度身体欠佳，甚至无法正常工作；也曾在事业上遭受过极为巨大的挫折，仿佛置身于无尽的黑暗深渊，找不到一丝希望的曙光。

幸运的是，我遇到了一个优秀的伴侣。在婚姻中，我的那些苦痛在不知不觉中被治愈。我们相互依偎、彼此成就，我能深深感知到人生无尽的可能。

或许，当下的我算不上功成名就，可我的生活着实精彩纷呈。所以我坚信，真正的爱情不仅能够跨越年龄的差距和健康的障碍，还能让人焕发出全新的生机，变得更加美好和坚强。

健康的恋爱关系还应该给予双方足够的个人空间。纪伯伦曾言："彼此相爱，但不要让爱成为束缚，要让爱成为奔流于你们灵魂海岸间的大海。"每个人都是独立的个体，都需要有自己的时间和空间去追求梦想、发展兴趣。在爱情中，过度地依赖对方和侵占对方的空间，反而可能使爱情陷入困境。当两个人在爱情中，既能相互依赖，又能保持个体的独立性，便能完美且和谐。

所以其实"沟通"二字在健康的爱情中至关重要。有效的沟通是理解对方的桥梁，能够避免误解和积怨的产生。就像马克思与燕妮，他们通过坦诚的交流，不断加深对彼此的理解和信任，使得感情历久弥新。

在感情中，通过真诚的沟通，我们能更接近爱的真谛。

总之，健康的爱情是一种让双方都能感到舒适、安心的存在。它不是激情的短暂燃烧，而是细水长流的温暖陪伴；不是相互的束缚和压抑，而是彼此的成就与成全。在爱的怀抱中绽放真实，在情的港湾中拥抱自己。

对于爱情和婚姻的关系，大家也众说纷纭。

有的人说，婚姻是爱情的归宿；有的人说，婚姻是爱情的坟墓。在踏入这座殿堂之前，可能没有人能讲清楚。有的人十年长跑，有的人一见钟情，仿佛时间的长短和终成眷属没有什么关系。那究竟是什么样的缘分，才能让两个人走进婚姻的殿堂呢？

其实我认为，一见钟情是“情绪恋爱”，如痛饮烈酒，酒过喉咙，酒不醉人人自醉；而日久生情则是“文火慢炖”，如人饮茶，香茗入喉，微苦却有回甘。

而婚姻的意义，可能就是让那份“初见乍欢，久处怦然”加了份归属感吧，抑或是《浮生六记》中沈复描述自己与妻子生活的那句“闲时与你立黄昏，灶前笑问粥可温”。

婚姻这件事，或许开头始于颜值，但能相伴相守定是陷于才华、终于人品。所以，你选择的伴侣要能接住你的疲惫，充斥你的生活，带给你久违的安全感。

一辈子很短，不过是从床头到床尾；而一辈子又很长，是从现在到未来。

愿你，遇他、与他，始是一人，终是一人。

04

恐婚怎么办

杨绛给钱锺书写过一封信，但信中只有一个字——怂；而钱锺书的回信也只有一个字——您。“怂”是问心上有几个人，“您”是表示心里只有一个你。

多么浪漫而又含蓄的爱情！两位先生互相包容，一起携手，风风雨雨走过六十年，直到死亡将他们分离。多么令人羡慕！

是啊，从前车马很慢、书信很远，一生只够爱一人。可是，在现在这样快节奏的年代，我们害怕所谓的爱情不过是一时的新鲜感，害怕相濡以沫的愿景敌不过生活的一地鸡毛，让自己遍体鳞伤。

于是，我们孑然一身，却又向往美好的爱情；

于是，我们高喊“无爱者自由”，可余光还是会看向被偏爱的人。

巷子里的猫很自由，却没有归宿；围墙里的狗有归宿，却终身都得低头。人生这道选题，怎样选都有遗憾。

我一直认为，没有该结婚的年龄，只有该结婚的爱情。你需要的也不是一张证书，而是可以陪你经历风雨的伴侣 。

所以，不必看见别人交卷就乱写答案。你可以去做你想做的事，去见你想见的人，而不必在乎别人眼里所谓的正确答案。

最后，愿你执一人之手，择一人终老。如若不能，也可独自一生，活出风华！

聊了这么久的爱情和婚姻，聊个趋于爱情与婚姻区间中的现实社会性问题吧——恐婚。

恐婚已成为当下社会一个备受关注的话题。在现代社会快节奏的生活和巨大的竞争压力下，许多年轻人对婚姻产生了恐惧心理。

一方面，经济压力是导致恐婚的重要因素。高昂的房价、不断增加的生活成本，使得组建家庭变得异常艰难。年轻人担心无法为家庭提供稳定的物质基础，从而影响婚姻质量。

另一方面，婚姻观念的转变也是原因之一。人们对婚姻的期待不再仅仅是搭伙过日子，而是追求精神上的契合和相互成就。但找到这种理想的伴侣并非易事，这也让不少人对婚姻望而却步。

此外，社交媒体上频繁曝光的婚姻不幸案例，如出轨、家暴等，也给人们带来了心理阴影，加剧了恐婚情绪。

要缓解恐婚情绪，需要社会、家庭和个人共同努力。社会应提供更公平的发展机会和更完善的保障体系，减轻年轻人的经济负担；家庭要给予年轻人正确的婚恋引导，传递积极的婚姻观念；个人则需要调整心态，以更加理性和乐观的态度看待婚姻。

我不知道此刻坐在书前的你，是否会因为这个问题而感到焦虑万分，或者绞尽脑汁、百思不得其解，而我只能从自身的角度和真切的感受出发，尽我所能地发表一些或许并不那么完美的言论，希望能给你带来哪怕一点点的启发。

在当下的社会中，恐婚现象犹如蔓延的阴霾，笼罩在众多人的心头。有的时候，很多人真的会问自己:“我到底要不要结婚?”

婚姻，曾经被视作人生的温暖港湾，是心灵的栖息之所、是疲惫时的依靠、是欢乐时的分享。

可如今，它却似乎变得面目模糊，让许多人望而却步。人们害怕失去自由，仿佛被困入牢笼；害怕承担责任，犹如背负千斤重担；害怕感情生变，好似美好的梦境终将破碎。

因为比起恋爱，婚姻可能更像一场漫长且未知的旅途，人们无法预知旅途中的转折与方向，而回头的成本又太高，所以，很多人蠢蠢欲动却又望而却步。正如钱锺书先生在《围城》中所叹："婚姻是一座围城，城外的人想进去，城里的人想出来。"城外之人，心怀憧憬，向往那相濡以沫的陪伴；城内之人，心生疲惫，渴望那无拘无束的自由。这般矛盾，正是现代人对婚姻纠结心态的真实写照。

我读过杨绛先生与钱锺书先生的爱情故事，他们的婚姻如同一首优美的诗篇，字里行间中流淌着深情与理解。无论风雨如何侵袭，他们始终携手前行、相互成就，共同谱写了爱的华章。

我也听闻过萨特与波伏娃的独特情感模式，他们不被传统婚姻的形式所拘，却在精神世界里紧密相连、灵魂相依，展现了另一种可能。

我还了解到"香奈儿"品牌的创始人可可·香奈儿（Coco Chanel）一生未结婚，专注于自己的事业和创作，凭借自己的才华和努力取得举世瞩目的成就，实现了自我价值，过上了精彩且令人羡慕的生活。

无论结婚与否，皆有利弊，并无绝对的对错之分。倘若能拥有一段如杨绛、钱锺书般相知相惜、琴瑟和鸣的婚姻，那结婚便是人生的一次美妙旅程，能在柴米油盐中品味岁月静好，能在风雨同舟中感受真心相伴。

若未能邂逅那份真挚深沉的爱情，选择独自生活也不失为一种勇敢。你可以像风一样自由，追逐梦想、不受羁绊；可以像云一样洒脱，随心而行、不问归期；可以像星一样璀璨，独自闪耀、绽放光芒。一个人，也能活出属于自己的精彩。

归根结底，结婚与否取决于自己内心的声音和对生活的期待。正如莎士比亚所言："一千个人眼中有一千个哈姆雷特。"每个人对于婚姻都有独特的见解和抉择，我们应尊重每个人的决定，无论是步入婚姻的殿堂，还是独自踏上人生的道路，只要能寻得内心的宁静与满足，便找到了属于自己的幸福方向。

人生匆匆，愿我们都能以平和坦然的心态面对婚姻，不随波逐流，不盲目抗拒。愿每个人在人生的分岔口，都能做出无悔于心的抉择。

05

婚姻的意义

另一半存在的意义是什么?

一个好的伴侣，能够减轻一半的人间疾苦，能照亮彼此，使彼此在情绪低落的时候有个依托。

杨澜女士曾说:“在婚姻里不仅仅有爱，还有肝胆相照的义气、不离不弃的默契和刻骨铭心的恩情。婚姻里对人最大的考验是，你如何在无数的不尽如人意里感知到幸福。”

可是，你碰到合适的另一半，就一定高枕无忧了吗?

任何人的陪伴都是阶段性的，除了你自己。人最终的底气归源于自身的丰盈!

电视剧《知否知否应是绿肥红瘦》里，明兰有句话：“这天下没有谁是谁的靠山，凡事最好不要太指望人，大家都各有各自的难处。实在要指望也不能太多、太深，指望多了，难免有失望。失望多了，就会心生怨怼。怨怼一生，仇恨就起，这日子就难过了。与人相守，最终依靠的还是最低处。”

好的爱情应该是双方势均力敌、旗鼓相当，你很好，我也不差。我们不仅是生活上两心相悦的爱人，更是人生战场上生死相依的盟友。我们彼此扶持、一起成长。

一生很短，不过朝暮与春秋；一生所求，不过温暖与相伴。择人先择心，爱人先爱己。

少年时的爱情是初心的悸动，纯真且热烈，像一片无边无际的荒原，野火烧不尽，春风吹又生。

人到中年，总觉得谈死还早、谈爱已老。随着年龄的增长，好像越来越难以对一个人动心，爱与不爱仿佛已不再那么重要。不知不觉，我们给“爱情”两字加了一份稳重，是这样吗？

人们不禁思索，中年人的世界里还有爱情吗？

我认为是有的。如果说，年少时的爱恋如饮烈酒，酒不醉人人自醉，那我觉得中年人的爱情似人品茗，微苦却有回甘。因为到了一定年纪你会发现，可能你需要的不仅仅是一个异性，更是一个可以沟通的灵魂，你们有着相同的爱憎、眼界和格局。爱情也不再是一场短暂的狂欢，而是一段长久的陪伴、精神上的依靠、行为上的同频、性格上的相容。

“金风玉露一相逢，便胜却人间无数”的萌动固然美好，可“愿我如星君如月，夜夜流光相皎洁”的相伴更加安宁。

愿大家“是年少的欢喜，是中年的爱恋，是暮年的相依”。

06

对婚姻的感悟

作为一个在婚姻中走过多年风雨的人，我在这里浅谈一些我对婚姻的感悟。

婚姻和爱情，有时像是命中注定的必然，有时又充满了无常的偶然。人生海海，与那个特别的人相遇相知，心与心的碰撞产生绚烂的火花。那一刻，仿佛命运的丝线早已将我们紧紧相连，这是爱情的必然开端。

然而，当激情逐渐消退，生活的琐碎与现实的压力接踵而至，爱情是否能在婚姻中延续？这充满了不确定性。

就如同古希腊哲学家赫拉克利特所说：“人不能两次踏进

同一条河流。”爱情与婚姻也处于不断变化的动态之中。我们在婚姻里成长、改变，当初炽热的爱情或许会转化为平淡却深厚的亲情，抑或在磨合中渐渐消逝。

记得有这样一个故事：

> 一位智者指着一棵果树问弟子，是先有花还是先有果？弟子们众说纷纭。智者微笑着说，花与果本就相互依存，没有花的绽放，何来果的成熟？而没有果的孕育，花的美丽也将失去意义。

婚姻与爱情亦是如此。爱情如同花朵，美丽而芬芳，吸引着人们走进婚姻的殿堂；而婚姻则是果实，需要用心呵护，才能拥有甜蜜的滋味。

“爱情不是最初的甜蜜，而是繁华退却依然不离不弃。”这是张小娴的名言，道出了婚姻与爱情的真谛。当爱情的甜蜜被岁月冲淡后，夫妻间的相互理解、支持与陪伴，才是维系婚姻的关键。

在漫长的婚姻中，爱情的必然性在于最初的心动与吸引，让两个人愿意携手共度一生。而不确定性则在于生活的波澜起伏、人心的变幻莫测，使得爱情在婚姻中的走向难以预测。但只要我们怀着真心、包容与责任心，便能在这必然性与不确定性之间，寻找到属于自己的幸福港湾。

在古希腊的某个小镇上，流传着一个关于“失落之钥”

的哲学故事。

相传，镇上有一座古老的城堡，里面藏有无尽的宝藏。然而，城堡的大门被一把神秘的钥匙紧紧锁住，而这把钥匙早已在漫长的岁月中被遗失了。无数勇士曾试图寻找这把钥匙，却都无功而返。直到有一天，一位智者来到了小镇。他没有像其他人那样盲目地寻找钥匙，而是坐在城堡前静静地思考。终于，他明白了一个道理——真正的宝藏并非藏在城堡之内，而是藏在每个人的心中。于是，他用自己的心灵之钥打开了城堡的大门，发现了比任何物质宝藏都更为珍贵的智慧与爱。

这个故事告诉我们，我们无须在外界寻找那些不必然存在的“钥匙”，而应该深入自己的内心，去理解、去包容、去珍惜那份已经存在于我们之间的情感。只有这样，才能在婚姻的旅途中找到属于自己的幸福与安宁。

我仔细分析了婚姻中可能出现的三个转折，暂且称为婚姻中的“三道难关”吧，或许可以给书前的你一些小小的启迪。

第一道难关，我觉得应该是在结婚头三年。

在这个阶段，小两口正处于水深火热的磨合期。老婆的情绪好似汹涌的波涛，起伏不定；老公正处于事业的发展期，忙得脚不沾地。家里的经济压力犹如一座沉重的大山，压得人喘不过气来。这时候的婚姻，就像一艘在狂风巨浪中飘摇的小船，危机集中爆发。倘若经营不善，家里便吵吵闹闹、矛盾不断。

第二道难关，悄然降临于结婚五到七年之际。

在这个阶段，两人仿佛还被困在磨合的迷宫之中。孩子的诞生如同点燃了家庭矛盾的导火索，婆媳矛盾也如幽灵般现身。此时的夫妻，对彼此熟悉到仿佛能数清对方身上的每一根汗毛，关系中的热烈与新鲜感宛如沙漏中的细沙一点点流逝殆尽，夫妻生活也如退潮的海水逐渐减少，彼此的感觉就像左手拉右手。老婆在家中，宛如一位身兼数职的超级战士，既要温柔呵护孩子，又要耐心侍奉老人，还要在家庭琐事的海洋中奋力泅渡，忙得像个不停旋转的风火轮；老公在外面，好似一匹负重前行的老马，为了工作在生活的荒原上疲于奔命，身心俱疲。

第三道难关，莫过于人到中年，在错的时间爱上了新的人。

人步入中年，对人生既有诸多深刻的理解，又饱含诸多无奈，内心特别渴望能有一个精神伴侣，倘若自己的伴侣无法给予慰藉，婚姻便极易亮起危机的红灯。再者，倘若朋友圈子不佳，有几个糟糕的错误示范在前，就如同诱人堕落的恶魔，很容易让人陷入无法自拔的泥沼。他们对当前的婚姻伴侣心生不甘，仿佛被一只无形的手牵引着，产生想要放飞自我、追寻所谓真爱的错觉心理，就像在浓雾中迷失方向的飞鸟。

其实我们都知道，婚姻并非一时的激情，而是长久的陪伴与责任。当激情退去，平淡的日子更需要双方用心经营、相互理解。精神的契合不应只向外寻求，而应在夫妻共同成长的过程中培养。夫妻间应多沟通交流，分享彼此的内心世界，不断为婚姻注入新的活力。

好的爱情也许是和新的人做旧的事，而好的婚姻一定是和旧的人做新的事。

07

爱上一个不能在一起的人怎么办

爱上一个不能在一起的人是什么感觉呢?

你明明知道你们不合适，但是你还是拒绝了所有人，走了一段没有结果的路；明明思念到发疯，却也只能忍住不联系，不敢去打扰，心痛到流泪。

不爱是一生的遗憾，爱又是一生的折磨。进一步没资格，退一步舍不得，最后你们以陌生开始，以陌生结束。是这样吗?

林徽因说：如果你爱上了一个不可能在一起的人，不要纠缠他、不要伤害他，就把他当作知己一样，倾诉心事、治愈情绪，唯独不要再说“我爱你”。请你一定要保持清醒，不管多么思念、多么痛苦，都不要把这份感情变成灾难。

以前总以为，人生最美好的是相遇，后来才明白，其实难得的是重逢。

忽有故人心上过，回首山河已是秋。爱而不得，得而不惜；放而不舍，弃而不甘。终其半生，满是遗憾。

我们总是在错误的时间、错误的地点，懵懵然就爱上那个人，然后不得不用尽一生来遗忘。

我们都希望遇到一份双向奔赴的爱情，可不得不承认，这个世界充满了阴差阳错。人的出场顺序真的很重要，你遇见他的时候，他或许不能给你一个想要的结果，但他至少照亮过你的内心、驱散过你的孤独，这对你来说就够了。

张爱玲说：我爱你，为了你的幸福，我愿意放弃一切，包括你。

情出自愿，事过无悔。不负遇见，不谈亏欠。

林徽因说：“酒不好，却可以让我安然入睡。你很好，却让我彻夜难眠。放不下一个入了梦的人，只能承受千思万绪的折磨。一次邂逅，却种下了一生的牵挂。别人走不进来，我也走不出去。”

是啊，爱一个人，曾经满眼皆为你，四周皆是影。我观众生皆微尘，唯独视你是星辰。愿有光阴可回溯，且以浓情共流年。既许一人以真心，愿献余生之慷慨。此生虽艰，有你则甜！可是，相遇有两个结果，一个叫甜蜜，一个叫苦涩。

在错的时间遇上了心动的人，这种感觉，就像是在黑暗中看到了璀璨的星光，明明光芒耀眼，却无法触及。心中满是纠结与无奈，明知不可为，却又难以抑制那份心动。每一次的相遇，都像是命运的捉弄；每一次的交流，都在道德的边缘徘徊。

明明心湖已泛起涟漪，却要装作波澜不惊；明明目光总想追随，却要强迫自己移开。在责任与情感之间苦苦挣扎，一边是道德的约束，一边是内心的渴望。或许，这就是人生的无奈，也是成长必经的阵痛。但无论如何，我们都要坚守住内心的底线，不让错误的冲动毁掉已有的美好。

那是一种甜蜜的折磨，犹如品尝着最诱人的禁果。对方每一个微笑、每一句话语，都如同锋利的刀刃，在心上轻轻划过，留下难以磨灭的痕迹。然而，理智告诉自己，这是一种无法开花结果的相遇，只能在夜深人静时，默默地咀嚼这份苦涩，然后在黎明到来时，重新戴上坚强的面具。

正如元好问所云："问世间，情为何物，直教生死相许？"如果你不曾转身，我还是原来的我，虽然孤单，但并不孤独。你来时惊涛骇浪，走时乱了心弦。而我，仿佛生了场大病，久病难愈，待寻遍世间奇药，方知思念入骨，无药可医。

其实世界上的事就是这样，有些人，遇见了，就是永恒。无法成为枕边人，只能化作梦中人，不求永恒、不求相守、不求朝朝暮暮，甚至不求你爱我，只求在我最美好的岁月里，遇见你。

没有办法，入了心的人，怎能说忘就忘，忘也是忘记了世界；动了情的人，怎能说放就放，放也是放在了心底。

两情若是久长时，又岂在朝朝暮暮。

他朝若是同淋雪，此生也算共白头。

这些语句是那样的美丽，也是那样的清醒。人生很多时候就是这样，一次邂逅却种下了一生的牵挂。别人走不进来，你也走不出去。所以，正在书前的你，或许很多事无法舍弃、很多人唯有铭记，像一阵春风，如一场夏雨，像一片秋叶，如一朵冬雪，你念或者不念我，留不住、带不走、唤不回、停不下。

所以我想说，下次再相逢那牵心之人，请告诫自己，只做友人、只共话桑麻，不轻易动情、不贸然生恋。保持那恰到好处的尺度，浅浅地欣赏，淡淡地喜欢，方能守护内心的平和，不使年华因情痴而荒芜，不让婚姻因错误而崩塌。

情重易伤，明者不入情海，但爱就爱了，不爱怎知牵肠挂肚之苦？酸甜交织，才是人生！

从此，你可以沉醉于悠长的思念，痴迷于这朦胧的身影，但请悄悄地来，也悄悄地走。

我们在这纷繁复杂的情感世界里徘徊，如同迷失在茫茫大雾中的行者。那曾经的相遇，如同一束耀眼的光，仿佛照亮了世界，却又在转瞬间消失不见，只留下无尽的黑暗与思念。

“人生自是有情痴，此恨不关风与月。”可能你甘愿在这情感的旋涡中沉浮，只因那片刻的美好，但也不禁会问：既然没结果，那相逢的意义又是什么呢？

王阳明的一段教诲分享给书前的你，或许可解你心中疑惑：唯有极深极厚的机缘，才可在同一条小径行了又行，同一个场所去了再去，同一个人见了还见。不管你邂逅何人，皆是你生命里应出现的角色，不同季节、不同氛围、不同心情，现身于你生命中的每一位，皆是身负使命而来的，或疼你、协助你、造就你，或负你、磨砺你、成全你，其必然会让你领会一些事理。

有缘的人，兜兜转转总会重逢；无分的人，摇摇晃晃终究离散。可我也认为，生命中遇见的一花、一草、一木，总是有它的意义在的。

我们这一世，无须执意去追寻谁，也无须竭力去挽留谁。不管其曾赋予你温馨还是痛苦，你都要学会感激，正是由于他，使你成为这尘世间独一无二的你。

书前的你，如果也正在经历如此错误情殇，请让我为你写上结局的篇章：

你曾为我，我终将为你。

缘生时，我于人海中望见你；缘灭时，我望见你于人海中。

愿世间上所有心意相通的人，都能够于此际相遇。

生命恰是一场恢宏的际会，你遇见我，我遇见你，而后各自启程，各自保重。

我，于这起起伏伏的缘分长河中漂泊，恰似漂荡在浩渺沧海里的一叶扁舟。那过往的相逢，犹如一盏明亮的灯塔，照亮了我前行的方向，却又在刹那间隐没于黑暗，徒留满心的怅惘与怀恋。

缘分，这奇妙而又难以掌控的力量，让我领略了人生的千姿百态。或许正像古人所云："有缘千里来相会，无缘对面不相逢。"我情愿在这缘分的波涛中跌宕，只因为那短暂的交集，足以丰富我一生的经历。

遇见已是美好，分别也不必可惜。

有些人出场的顺序，已经决定了结局。陪你酩酊大醉的人，注定没办法送你回家。

人与人之间，不是每场相遇都能恰逢其时。婚姻之外，如果遇到让自己心动的人，就只剩两个字——渡劫。

虽然爱情的美妙令人心驰神往，但家庭的责任同样重要。

深爱一个人，却又清楚地知道彼此不可能有结果，每天挣扎徘徊于爱情与忠贞、梦境与现实中，那种苦痛与无助，往往难以言表。

用董卿的话说，就是："我正在渡这辈子最难渡的劫，渡过去了，就是重生；渡不过去，就是活该。我深知，这个劫，只有自己能帮自己。悲喜自渡，他人难悟。”

相濡以沫没有资格，相忘于江湖又做不到。爱与责任的交织，对每个人来说，都是难以抉择的一件事。

但我想，唯一正确的抉择一定是将爱藏于心底。这不代表不够深情，而是走过半生，更能明白现实的无奈与责任的分量。

愿世间所有心意相通的人，都能于此际相遇；愿所有心灵契合的人，皆能于此刻相逢。

第三章

CHAPTER 3

人际关系

Do you
have
any regrets
……

01

人与人际关系

春光明媚，花红柳绿。人与人目光交会，言语间你来我往，生活骤然就被关系填满。

最近，我越发感慨人活在人际关系之中。回忆起，上次还在新春伊始热情相拥，如今已近季春。除了对人心难测、人情世故的认知，还要跟你讲一句：不自在的时候，就算是远离也无碍。

人活在各种复杂的人际关系中，犹如穿梭于迷宫，日复一日地周旋。有时心有灵犀，有时又误会重重；有时相濡以沫，有时又针锋相对。任何关系都大抵如此。

人与人之间的观念有别，交往模式截然不同。但说白了，很多关系根本不由你来决定，它们自己就会在生活中演变。

不自在的时候，就算远离也无碍。去冥想，找寻自我；去运动，放松身心；去学习，提升修养。

人际关系不断繁杂，内心纯粹的角落就会被压缩起来。就随性地安然面对吧！

我们这一生，注定会被各种各样的关系环绕着，注定要和形形色色的人打交道。真正能让人走心投入真情实感的关系，无非是家庭关系、恋人关系，还有那纷繁复杂的人际关系。

在家里，我们很可能因为与父母、子女的关系处理不当而搞得自己心力交瘁、焦头烂额；在社会上，我们也许会因为跟同事、上司或者朋友搞不好关系而闷闷不乐。然而，这些都无法避免。

正如马克思所言："人的本质不是单个人所固有的抽象物，在其现实性上，它是一切社会关系的总和。"

经营人与人之间的关系，是我们这一生的必修课。

02

你被原生家庭伤害过吗

其实我不大想聊这个话题，因为家的代名词似乎从来都是“幸福”。但我们不得不承认，并不是每个家都是避风港，伤你最深的人，有的时候真的可能就是你最亲的人。

这个世界就是这样。有人年过半百仍有源源不断的爱意，有人从小就失去了被爱的资格和爱的能力。有人很幸运，一生都被童年治愈，却也有人很不幸，终其一生的努力仅仅是为了和原生家庭和解。

每个人都不是天生自卑、空洞、匮乏的，他们何尝不羡慕那些温室里的孩子骨子里散发出的自信呢？

是啊，原生家庭的伤害从来不是一时的暴雨，而是一生的潮湿。

但是别害怕，因为总有一天你会长大，会身披铠甲。

过去是一个幽灵，虚无缥缈，只有未来才有分量。

因此，你当像鸟，飞往你的山！

美国作家塔拉·韦斯特弗在她的自传体小说中，真实地回顾了自己从垃圾堆里爬出来，一路披荆斩棘，考入剑桥大学和哈佛大学，彻底扭转命运的人生逆袭故事。她的经历告诉我们，原生家庭欠你的，需要你自己去赢回来！

她在书中写道：“你可以爱一个人，但仍然选择和他说再见；你可以每天都想念一个人，但仍然庆幸他不在你的生命中。”

原生家庭也许会让你痛苦前半生，但是，你自己的人生刚刚开始。

世界充满惊喜和意外，荆棘和鲜花同在。请相信，总有人间一两风，填你十万八千梦。

在谈到这个话题时，我便想问以下这些问题：

你是否会莫名其妙地感到自卑，对身边的一点变化都特别敏感？

你是否心里充满各种怀疑，哪怕是很小的事，都能像炸弹一样让你情绪失控、变得特别暴躁？

你是否特别想要安全感，总是不自觉地讨好别人，好像只有这样才能在这世上得到一点温暖？

当真的得到一点认可时，你是否又会在心里不停地问自己：“我真能得到吗？我真配得上吗？”

是啊，在原生家庭里没得到过足够的爱，长大后很难成为心里充满幸福和安宁的人。那些从小缺爱的人，可能一辈子都像在雾里找路，拼命想被别人接受和称赞。他们有时自卑、有时自负，善良的同时又有点冷漠。他们遇到问题容易走极端，爱能爱得疯狂，恨能恨得刻骨。这样的情绪让他们的性格越来越怪，越来越孤僻。

但是，他们又很容易满足，别人一句安慰的话，就能让他们感动到哭，都来不及想对方是不是真心的。因为从小没被真心爱过，长大后在感情里很小心，甚至有点儿冷漠。面对爱情、亲情和友情，他们不是心里没爱，而是不知道怎么表达和传递。因为心里太没安全感，所以他们在很多事上都很固执。

我不知道正在读本书的你是否是这样的，但不得不承认，不幸的原生家庭的影响是一个人一生的潮湿。最能够轻而易举地将一个人的灵魂彻底压垮、令其丧失对生活的热忱和信念的，往往不是社会的纷繁芜杂，也不是他人的鄙夷和轻视，而是那个本应是温馨庇护所的家所施加的伤害和痛楚。

小时候，我们常会听到长辈讲：“要听话才有奖励，要成绩好才有夸赞。”这种说法似隐形的毒瘤一般，缓缓侵蚀我们的灵魂，使我们在生活中变得拘谨，因为我们自幼就觉得只有出色和乖巧才不会被冷落。

即便长大后，我们竭力做个听话的孩子，但心中依旧会有原生家庭留下的伤痕和痛。在这道伤痕里，隐匿着我们的脆弱敏感，隐匿着我们深深的自惭形秽，隐匿着我们对爱的疑虑和迷茫，甚至是对自己是否值得被爱的绝望。

我从不羡慕那些原生家庭好的人，因为他们的顺遂似乎是命运的偏爱，少了些磨砺后的璀璨光芒。我只由衷地佩服那些原生家庭不好，却能凭借自己的力量勇敢走出来的人。

那些在不幸的原生家庭中饱尝伤痛的人，他们的人生起点或许布满荆棘与阴霾。然而，当他们凭借着内心的坚韧、不屈的意志，一步一步挣脱原生家庭的束缚时，那是一种何等壮丽的蜕变！我一直坚信，这样的人一旦靠自己的力量成功走出原生家庭的泥沼，便如同破茧而出的蝴蝶，在未来的道路上必将绽放出令人惊叹的华彩。

他们经历了黑暗中的挣扎与彷徨，却从未放弃对光明的追寻。每一次的挫折都会成为他们成长的垫脚石，每一道伤痕都是他们勇气的勋章。他们用汗水与泪水书写着属于自己的传奇，用行动诠释着生命的无限可能。在未来，他们将以更加坚定的步伐迈向远方，无论前方是狂风暴雨还是灿烂阳光，都无法阻挡他们前行的脚步，因为他们已然成为自己命运的主宰，无比强大。

带着原生家庭伤痛的人，并非只能在黑暗中孤独前行。在人生的漫漫长路上，他们一定也可以遇见那个会温柔抚慰自己心灵的人。哪怕这世界漆黑如墨，可只要那个人一出现，他们的身边就会有光，它能轻轻拂去阴霾，能暖暖地包裹他们的心灵，能让他们那曾经受伤的灵魂找到一处宁静的港湾，重新绽放出绚丽的花朵。

在电影《美丽人生》中，圭多出生于一个并不完美的原生家庭。他也曾在成长的过程中经历迷茫与痛苦，内心深处隐藏着原生家庭带来的创伤。

然而，圭多的母亲，以她那深沉且温暖的爱，治愈圭多内心的伤痛。在圭多面对生活中的重重困难与挑战时，是母亲的爱给予了他力量和勇气。

当圭多在战争的阴霾下感到恐惧和无助时，他回忆起母亲曾经对他说的："你要相信，生活总会充满奇迹。"这些温暖的言语如同明灯，照亮了圭多前行的道路。

在电影《十年一品温如言》中，女主角温衡的境遇令人心疼不已。她自幼便极度缺少父母的关爱，明明是亲生女儿，却仿佛是这个家庭中的局外人。她一直生活在无比压抑的环境里，那种压抑如沉重的阴霾，无时无刻不笼罩着她，让她的童年和青春都失去了本该有的色彩与欢乐。

然而，命运终究还是眷顾了这个可怜的女孩儿。那个特别的男生的出现，仿佛是划破温衡黑暗生活的一道光。他勇敢无畏，总是在温衡遭遇不公和委屈的时候，毫不犹豫地替她出头，用自己坚实的臂膀为她遮挡风雨；他机智聪慧，每每在温衡陷入困境和尴尬之时，巧妙地替她解围，让她得以从难堪的局面中解脱。

这个男生给予了温衡那份童年缺失的温暖与爱，那是一种毫无保留、真挚深沉的爱。他用这份爱一点一点地填补着温衡内心的空缺，将她从原生家庭的痛苦泥潭中奋力拉出来。

英国女作家简·奥斯汀，成长于一个极度重男轻女的家庭，而且家境贫寒，因此她的存在常常被家人所忽视，得不到应有的重视。在这样压抑且令人沮丧的环境中，她的内心被自卑和无奈所占据，仿佛置身于一片黑暗的荒野，找不到前进的方向，也看不到希望的曙光。

家庭的贫困让她在物质上捉襟见肘，无法享受与其他孩子同等的生活条件。而重男轻女的思想，更使得她在精神上饱受折磨。她在家中被视为次要的存在，她的想法和感受无人在意，她的才华和潜力也无人赏识。

然而，即便身处如此艰难的境地，简·奥斯汀内心深处对于文学的热爱之火从未熄灭。她凭借着与生俱来的文学天赋，在艰苦的环境中笔耕不辍，将自己对生活的观察、思考和感悟融入作品中，最终写出了一部又一部令人赞叹的优秀作品。

东野圭吾说："谁都想生在好人家，可我们无法选择父母。发给你什么样的牌，你就只能尽量打好它。"我们不能决定自己的出身，不能左右父母的性格与行为，但我们可以决定自己面对生活的态度。即便手中的牌不尽如人意，也不应成为我们放弃的借口。而在原生家庭中失去的，终要靠我们自己赢回来。

英国哲学家伯特兰·罗素曾讲："人生中最沉重的负担之一是，我们最初的精神困扰源自原生家庭。"这句话清晰地揭示了原生家庭对个人发展所施加的深远影响。

电视剧《都挺好》中的苏明玉就是一个典型例子。

明玉的父母非常重男轻女，为了供大哥出国留学、给二哥买房等，不断牺牲明玉的利益。母亲强势且偏心，对明玉的梦想不屑一顾；父亲懦弱，不敢为明玉说话。在这样的家庭环境中，明玉从小就遭受了许多不公平的对待，心中留下了原生家庭的阴影。

然而，明玉并没有被原生家庭的困境所束缚。她凭借着自己的努力和顽强的毅力，在生活和事业上取得了较大的成功。她从一个小小的销售员做起，逐步成长为企业高管；她经济独立，有自己的房子和车子，过上了高品质的生活；她学会了自我疗愈，虽然内心深处仍然渴望家庭的温暖和父母的关爱，但她不再依赖他人，而是勇敢地面对自己的过去，努力创造属于自己的未来。

虽然这只是电视剧中的情节，然而它却如同一面镜子，真实地映照出了生活中的诸多现象。在现实世界里，我们常常能看到类似的情节不断上演。那些来自原生家庭的爱与伤害提醒着我们，生活远比戏剧更加复杂，也更加现实。

亲情是天性，更是一种需要用心体会的情感。

父母的关怀，也许生硬、含蓄，但那是由他们所处的环境和遭遇造就的。

画家徐悲鸿年少时，因为坚持自己的艺术梦想，与传统观念强烈的父亲产生冲突。执着追梦的徐悲鸿不仅没有得到父亲的支持，反而遭受了严厉的斥责和阻拦。

年少的他不理解，为何自己追求理想，父亲却如此不通情理？

他这一份困惑，持续了好些年。

那些年，他们父子之间交流甚少。他刻苦钻研绘画，远走他乡，每次寄信回家，也很少提及父亲。

直到后来，他在艺术道路上取得了一定的成就才渐渐明白，那曾经让他难以释怀的阻拦，是父亲在当时有限的认知下对他的担忧，那些严厉的话语，隐藏着深沉的关爱。

我想起豆瓣上曾有个讨论：父母与子女之间最大的误会是什么？有个热门回复说："是观念、背景、思维方式的差异，让他们根本无法理解彼此，从而相互误解、彼此伤害。"

父母的用心，年少时我们或许难以领会，但当我们成熟，也在社会中历经风雨后，就会明白每个人都有自己的局限性与苦衷。

有些关怀，我们身处其中时难以看清它的本质，但总有一天，我们会读懂其中蕴含的牵挂与期望。

为人子女，谁都不易，试着理解与接纳父母的不足，与自己的过往相拥。

对过去释怀，才能拥抱未来；放下了该放下的，才能轻装前行。

心理咨询师罗杰斯说："不是每一次挫折都是绝境，除非你任由这个绝境将你吞噬。降临在我们身上的经历是福是祸，完全取决于我们以怎样的心态去应对它。”

我曾经看过一本书，书中有这么一个女孩儿：

她出生在爱达荷州巴克峰山，家中有五个哥哥和一个姐姐，她是最小的孩子。她的童年生活在垃圾场的废铜烂铁中，伴随她的不是琅琅的读书声，而是起重机的轰鸣。她的父亲是虔诚的摩门教徒，不许与联邦政府有任何关系。孩子们小时候没有去学校上学，而是在家里由母亲教一些基础知识。其中的四个孩子没有出生证明，也没有去医院看过医生或护士，直到9岁那年，女孩儿才有一张延期的出生证明。

她的哥哥肖恩和泰勒对她的影响最大。肖恩曾带给她短暂的美好回忆，但更多的是深刻且难以抚平的创伤。肖恩把泰勒的头按进电视机，把她的头按进马桶，从车里的座位上将她拽出到马路上拖行，在家里多次暴力殴打和拖行她，还给她起难以入耳的绰号。

而哥哥泰勒是她的曙光，在她心里埋下了一粒希望的种子。在哥哥泰勒的督促和母亲的鼓励下，经过两次考试，她通过了杨百翰大学的入学考试。

上大学以后的她有着诸多不适，如看到很多女孩儿穿着露膝短裙而震惊，学习上缺乏基础等。暑假为了挣学费，她找了份工作，但父亲要她回到山上为他干活。暑假结束后，父亲却没有钱足够兑付之前承诺她暑期干活的薪水，只给了她一半学费。为了攒钱凑学费，她做过多份兼职，还在她的雇主兰迪那里学会了上网、浏览网页和写电子邮件。她卖掉了自己最喜欢的马，甚至去卖血。在学校里，她疯狂学习，拿到了她最薄弱的科目——代数的满分。每天晚上，她都学习到凌晨两三点。在高强度的学业和生活的双重压力下，她时常生病，牙齿也坏了，需要钱去医治。老师了解了她的情况后，帮她申请了政府助学金。经过复杂的心理斗争，她终于接受了那笔政府助学金，也才开始体会到金钱的力量：让人具备考虑金钱以外的事情的能力。

后来，她申请了一个剑桥的留学项目，但没有通过，最后克里博士为她提供了一个机会，争取到了名额。之后，她又师从剑桥大学著名的乔纳森·斯坦伯格教授，写出了非常令人满意的论文。教授引导她申请剑桥的研究生，为她写了推荐信。当她又一次因为学费而试图放弃学业时，教授又协助她申请了“盖茨剑桥奖学金”。此后，她获得了在剑桥大学继续求学攻读博士学位的机会，并获得了哈佛大学访学学者奖学金。

去往大洋彼岸求学，意味着距离上离家更远，与家人的关系仿佛也被这现实的距离撕裂。接受教育带来的分化使她与父母和家人之间的矛盾越来越大。当从那个家走出来进入学校后，知识涌入脑海中，以往的认知被颠覆，似乎要把她的家人给挤出去。

在读博士阶段，她差点儿无法完成论文、按时毕业。情感忽视性的缺爱使她患上了躁郁症，孤独而无助，仿佛陷入无底深渊。她逐渐懂得了兄长和父亲身上的那种霸权式男性气概对她和家人的伤害，她对哥哥肖恩的控诉和对父亲的不再顺从激发了家庭矛盾，姐姐与母亲的漠视和言行前后不一又使她感受到背叛和孤立无援，她成了那个破坏家庭的原罪者和有问题的人。在家人们的合力外推之下，她产生了自我否定和怀疑，精神失常，像是患了某种疾病，分不清真实与虚幻。在这种疯狂的分裂中，她的博士学位岌岌可危。

她的哥哥泰勒在面临与家人断绝关系的风险下，仍然站到了她这一边。他抓住了在深渊中下沉的她的手，将她拽上了岸。她主动去做了心理咨询，逐渐回归写作，终于在27岁生日那天提交了她的博士论文，并于当年12月通过了答辩。

历经十年，她似乎发生了翻天覆地的变化。她的受教育经历辉煌，外表也改变了，但她仍然是她。曾经的弱小无助和现在的独立坚强，都是最真实的那个她。

这个女孩儿，便是《你当像鸟飞往你的山》的女主人公塔拉·韦斯特弗。

在塔拉孤独无助的童年里，哥哥泰勒是最坚实可靠的一个港湾。他会鼓励塔拉学习，告诉她“外面有一个世界，一旦爸爸不在你身边灌输他的观点，世界就会看起来大不一样”。

积极向上的泰勒让年少的塔拉隐隐约约地明白，虽然自己无法决定出身的条件，却可以决定以怎样的姿态去面对生活。

在艰难的岁月中，塔拉也不断地从周围获取成长的力量。

在泰勒身上，她学会了坚持自己的梦想；在学习的过程中，她学会了挑战自我。

在风和日丽的时光里，她沉浸在知识的海洋里，不断丰富着自己；在满是荆棘的生活中，她凭借顽强的意志，找到了属于自己的路。

作家毕淑敏曾说：“人要有把自己从黑暗中拉出来的力量。”

原生家庭是一个人的起点，但绝不是一个人的终点。父母赋予了我们生命，但那并非我们人生的全部。

我们起初脆弱，但总会坚强。那些让我们疼痛的，最终会使我们变得坚强。

我们每个人存在于这个世界上，不是为了被困境所压制，而是为了超越原本弱小的自己。

接纳原生家庭带给我们的所有，那也是我们人生旅程中最宝贵的财富。

03

交友不必一生，但念一程

为何曾经的好友都避免不了渐行渐远的事实？

我们都在追寻“陈雷胶漆”般的友情，梦想管仲和鲍叔牙的“管鲍之交”，渴望如伯牙子期般“高山流水遇知音”。

但是我们不难发现，现实中很多至交好友，终究难敌岁月消磨，有的渐渐消失，有的甚至反目成仇。这是为什么呢？

了解了苏轼和沈括的友谊后，我们会叹息，随着际遇不同、时移势迁，大多年少时的友情只可共青春，不足以共成长。

不同的际遇镂刻着不同的人生。

读过《世说新语》里“管宁割席”的典故，我们会明白，夏虫不可语冰。人生就像跑步，总有人快、有人慢，时间地点都不是阻碍，但是当认知不在一个频道、三观产生差异时，即使相交多年、即使近在咫尺，也终不过是两个世界，分道扬镳。

我们不得不承认，人生就是这样，殊途同归是偶然，背道而驰也许是常态。

人字分两半，一半是回忆，一半是继续。当方向和步调不再一致的时候，留下的只能是匆匆岁月，各奔前程。

交友于微末之时，妄终于菩提之巅，然不必一生，但念一程。

小时候，我们总以为只要成为朋友就是永远的朋友，友情是像亲情一样伴随我们一生的感情。可长大后才明白，人与人之间哪来什么永远，每一个人都会中途下车。终有那么一天，我们会彻底领悟，友情走到尽头，或许都只是惊鸿一瞥的交集，都只是短暂的相遇，那些让我们一直记着的朋友和过去的事，最终时间都会将其化作轻烟，帮我们慢慢放下……

在人生的旅途中，我们邂逅了形形色色的人。有的人宛如夏夜的昙花，刹那芳华，惊艳了时光，却又匆匆落幕；有

的人仿若旅途中的临时客栈，给予了短暂的安歇，最终却只是行程中的一处风景。

生活总是充满了各种意想不到，我们一面满心欢喜地迎接每一次友情的相拥，一面又无可奈何地送别那渐行渐远的身影。

说实话，成年后的世界里，能拥有真心相伴、不离不弃的朋友，那是命运的恩赐。然而，友情的渐渐淡然、朋友的各奔东西，才是生活的寻常画面。

世间喧嚣，各自闯荡。

似乎好多朋友走到中途都会告别，即便有人能伴你走过漫长岁月，但最终依旧会被岁月冲散，只剩自己。

自从认清这个无奈的真相之后，我便不再为朋友的若即若离而焦虑忧愁，也不再为朋友的逐渐疏远而怅然若失。命中注定会离别，就只能以过客的角色相伴一程，再强行挽留，便完全丧失了相伴的意义。求而不得之时，洒脱地收回自己的热情和期待，也是一种明智且有尊严的选择。

比起热情，我更渴望宁静；比起期待，我更珍视自我。我从不喜欢以友情的名义去强求他人、贬低自己。喜欢固然喜欢，卑微则大可不必。

曾经，我有一位交心的挚友，我特别乐意与他分享所有的秘密，不管做什么决定都期望参考他的意见来完善自己，长此以往形成了一种思想和情感上的依赖。与我对他毫无保留的信任不同的是，他总是有意无意地与我保持距离，而且习惯在闹矛盾的时候用不理不睬的冷战方式对待我。每次与他失去联系的时候，我都会心急如焚，继而崩溃，长时间陷入一种茫然无措的痛苦中折磨自己。

有些情谊正是因为太过在意才走向破裂。过度在意宛如暴雨摧花，你自认为付出的是全部的真心，对别人而言或许是一种压力。这种毫无保留和分寸不当的依赖犹如飞蛾扑火。

就这样，我常常处于一种患得患失的迷茫中，慢慢丧失对友情的信心和期待。或许是这种冷热不均的态度深深伤害了我的自尊，后来我决定放过彼此，不再执着。放下的过程极其煎熬，一旦挺过去，却是从未有过的释然。人在难以割舍的时候，总是用反复纠结的方式来委屈自己。

后来我终于懂得，成年人的友情散场，是无须言说再见的。一次心有灵犀的不再回应，一次观点不合后的相对无言，就自然而然地终结了一段难以启齿说再见的情谊。无论朋友之间是何种关系，没有交流就没有延续，根本无须绞尽脑汁寻找借口，或者激烈争吵而决裂。只要想结束，沉默便是最佳的方式，既能为彼此保留一份体面，回馈往昔的情谊，又能为彼此留存一点尊严，尊重对方的决定。

三毛曾说："朋友这种关系，最美在于锦上添花，最可贵在于雪中送炭。朋友中的极品，便如好茶，淡而不涩，清香但不扑鼻，缓缓飘来，似水长流。"

"有些朋友，相处着相处着就远了；有些感情，维系着维系着就淡了……"人与人之间的友情，好像都有个期限。是这样吗？

世上没有永不落幕的友情，任何事物都有期限，时间到了，就该告别了。学会在一段友情落幕的时候优雅地转身，给自己留一些尊严，给对方留一些尊重。因为我们在相遇之初，都是怀揣着各自的善意和真心的。不必痴痴纠缠，不必心怀怨念，我们各有方向、各自前行，终究要踏上各自的旅程。这一次的告别，也是为了下一次更美好的相遇！

有时，缘分的聚散不是我们所能够掌控的。或许曾经那坚如磐石的友情、那海誓山盟的约定，也终究会在岁月的侵蚀下变得脆弱不堪，直至烟消云散。

就像钱锺书先生说的:“人生就像一场戏，每个人上台和下台的时间都定好了，该离开的时候，再舍不得也得走。”

无论是不期而遇的惊喜，还是猝不及防的告别，我们能做的就是谢谢每一次美好的遇见，也接受每一次无奈的分开。

钱锺书先生还说:“人生的舞台上，每个人登场和退场的时间都被提前设定，该谢幕的那一刻，无论心中有多少眷恋，都必须转身离开。”

一路走来，我也曾因挚友的离去而黯然神伤，心碎一地。然而，朋友的离散如同四季的更替，是人生不可抗拒的规律，我亦无法逃脱。

人生在世，能一直陪伴我们的，不只是那泛黄的回忆，还有那日益模糊的熟悉面孔和渐行渐远的温暖怀抱。所以，我感恩那些曾在我生命中如繁星般闪耀的友情，也放下了那些已然消逝在风中的故事和身影。

与君共患难，到站各自飞，或许这也是一段友情最真实的归宿。

最是人间留不住，人生东西难同路……

04

怎样面对别人的恶意

针尖不大，戳人最疼；舌头无骨，伤人最深。

年少时，我们坚信的是“人之初，性本善”，可是浮世三千、芸芸众生，我们一路走来却总是会遇到一些莫名其妙对自己充满恶意的人。

后来我们才发现，恶意无处不在也许就是人生常态。有的人恨你有，笑你无；嫌你穷，怕你富。

你也许不知道，有些生活中看似跟你亲密的人，或者与你毫不相干的人，就是会无缘无故地讨厌你、诋毁你、伤害你，让你痛苦、焦虑、内耗。

你不禁会怀疑自己，并试图努力去迎合他们、去讨好他们，渴望得到认可。是这样吗？

可是怎么办呢？现实就是这样，恶意不会因为你的低头而消失，因为当一束光照进了黑暗里，那这束光就有错；当愚昧成为主流，清醒就是犯罪。

但是没关系，我听过这样一句话："恶意不可怕，诋毁本身就是一种仰望。"细细品味，确实如此。

高人人捧人，小人人踩人。层次比你高的人会鼓励你，同层次的人会欣赏你，层次比你低的人才会诋毁你。

生活方式是自己主动选择的结果，而自由就是不再寻求认可，就是拥有敢被别人讨厌的勇气，允许一切发生，允许万物穿过。

有福之人，无心插柳柳成荫；无德之人，机关算尽皆成空。愿大家喧闹任其喧闹，自有我自为之。

人生之路磕磕绊绊，必然会经历顺遂和坎坷。当一个人在生活中遭受欺骗或背叛时，内心越是痛苦、迷茫，就越能深切感知人心的好坏，也越能发觉人性的阴暗与温暖。

《围炉夜话》有云："人情冷暖，世态炎凉。"想当年，管鲍之交传为佳话。管仲曾言："生我者父母，知我者鲍子也。"鲍叔牙对管仲的理解与支持，在利益与困境面前显得尤为珍贵。然而，在现实中，你碰到的情形又会是怎样的呢？

当你身处高位的时候，也许周围挤着阿谀谄媚的人，你会觉得世界充满友善，每个人的笑容都真诚可亲，你感受到的都是敬仰与尊崇；当你失势变得落魄的时候，也许你会发现周围尽是冷言冷语的人，这些人的表情显露着嫌恶鄙夷，你感受到的是冷漠与排斥。

所以，人在失意的时候，会见识到人心的凉薄；人在无力的时候，会看穿人心的冷漠。在利益面前，很多承诺会苍白无力；在私欲面前，许多美好表象会不堪一击。

不经风雨，难识真心；不经患难，难得真情。

有人说：利，或许无法衡量一切，却可以通过它看清很多事、很多人。是啊，利不仅仅是检验情感的试金石，更是揭示人性的放大镜。

当一个人陷入困境、需要外界帮助去摆脱泥沼的时候，会真正感受到世态炎凉；也只有在自己受挫的时候，才会明白谁是在真心关怀自己，谁又是在敷衍应付。

成功学大师卡耐基在其经典著作《人性的弱点》中深刻地说:“人与人之间的交往，是以互惠为原则的。”

确实如此。仔细想来，人际关系的本质，很大程度上是资源的相互交换。各种关系之中蕴含着价值互取的内在逻辑，要么是切实可见的经济价值，要么是能够启迪心灵的认知价值，再或者就是能够温暖人心、给予慰藉的情绪价值。

三毛曾经感慨地说:“我们不肯探索自己本身的价值，我们过分看重他人在自己生命里的参与，过分在意别人的评价。”

细细思量，成长原本就应是一场勇敢的冒险。我们着实不需要将自己的重心过度放置于外界的环境或庞大的群体之中，用全部精力去获取那份归属感和认同感。

勇敢地走出自己那狭隘的方寸之地，广泛地丰富自己的见识，不断地优化自己的素养和能力，持续地强大自己的内心与实力，让自己充盈着智慧的光芒和力量的源泉。如此这般，才是人生当中最为清醒的选择。

人生一路，碰到相互扶持的知己，自然是幸福的。但倘若碰不到，宁可收敛自己全部的期待与依赖，避开所有虚与委蛇的人，奋力让自己成为自己的依靠。

因为，人生最靠得住的贵人，是不断成长与强大的自己。

05

人与人最好的关系是什么样的

少时读到“君子之交淡如水，小人之心甘若醴”时不以为意，梦想着喜乐有分享，共度日月长；总想着成群结队，快乐就会加倍。

直到那些如胶似漆的亲密，变成了渐行渐远；

那些脱口而出的永远，变成了再也不见；

那些倾心的相待，变成了心口利剑。

猛然发现，东野圭吾说得真对，“世界上有两样东西不可直视，一是太阳，二是人心”。

事不出，不知谁近谁远；人不品，不知谁好谁坏。

幡然醒悟，原来人生有度，过则为灾。君子之交淡如水，水甘淡，却久远。“不远不近”这个词适合许多种感情。

后来，我并非孤独不合群，独处是为了不必配合他人演戏，不争是为了放过自己的内心，远离是对伤害过自己的人的鄙视，而分寸则是留给挚友的最珍贵的尊重。

成年人最舒服的关系是亲疏有度、远近相安。愿大家相聚时温暖，独处亦清欢。

莫言说：“人与人最好的关系，就是没有关系。不要把谁都当作知己，不要逢人就想诉苦。”这句话真的如同一记重锤，敲醒了曾在人际关系中迷茫的我。

在这个纷繁复杂的世界上，每个人确实都有着独特的成长轨迹和内心感受。你以为撕心裂肺的苦痛，在他人眼中或许只是过眼云烟；你满心期待能得到理解和安慰的诉苦，未必能换来他人真正的感同身受。

就像每家每户的锅底都有属于自己的灰，大家都在为自家的琐事忙得焦头烂额，能分多少精力顾及你的事情呢？每个人都在为自己的生计、梦想和责任奔波忙碌，又能分多少心思，投入你的烦恼之中呢？

诉苦一旦找错了人，你的苦衷可能就会成为别人茶余饭后的谈资。原本只是自己内心的一点小波澜，却被传得满城风雨，最终得不偿失。不是每一个肩膀都能承载你的悲伤，不是每一双耳朵都愿意倾听你的哀怨。

就如稻盛和夫所说："烦躁的时候千万不要说话，也不要做任何决定，安定地待会儿。成年人的烦恼，和谁说都不合适，要学会自我消化。想开、看开、放开，不为难自己，不盲目较劲儿，尽力就好。"对此，我深有感触。

我们这一生会与无数的人相遇、相识、相知，然而，任何关系走到最后，都仿佛只是一场相识。

马尔克斯说："生命中真正重要的不是你遭遇了什么，而是你记住了哪些事，又是如何铭记的。"人生的确如同一趟短暂的旅程，短短几十年，转瞬即逝。

我们没有永久的生命去延续每一段情谊，也没有不老的青春去坚守每一个誓言。时间无情地流逝，该老的人会老，该走的人也终会离去。

一路走来，我渐渐明白，与任何人较劲儿都不过是在消耗自己的精力与生命。那些我们以为的困境与牢笼，很多时候其实是自己给自己造就的。

泰戈尔说："世界以痛吻我，要我报之以歌。"当面对那些无能为力的事情时，心中纵然有万般不愿，却也坦然地接受。这并非妥协，而是对生活的领悟。

成年人的世界里，烦恼如影随形，那些无法言说的忧愁，似乎和谁说都不合适。万般皆苦，唯有自渡。生活从来不会按照我们的意愿出牌，好的、坏的、冷的、暖的、真的、假的，各种滋味我们都要一一品尝。人生的酸甜苦辣、悲喜交加、笑泪交织，都需要我们慢慢去体会。在不同的年纪，我们会遭遇不同的劫难，而我们能做的，就是勇敢地面对，不讨好别人，也不委屈自己。

学会控制情绪，不执着于关系，是我们成长的重要一课。一半是为了尊重别人，让我们在与人相处中更加和谐；一半是为了保护自己，不让情绪的波澜伤害到内心的宁静。

人生本来就是在关系中寻找自我，又在自我中经营关系。或许，这就是生命的真谛。

人到了一定的年纪，就应该学会自我消化烦恼，自己去处理那些负面的情绪，掌控生活中的不如意。真正的强者，都是在夜深人静的时候，把自己那颗千疮百孔的心掏出来，一针一线地缝补，然后再小心翼翼地塞回去。第二天太阳升起，又充满信心、精神抖擞地迎接新的挑战。

得失之间，循环往复。很多事情，想得开就是春暖花开，想不开就是寒冬酷暑。

我曾经也执着于一些失去和遗憾，让自己陷入痛苦的旋涡。而如今，一切的一切，得之我幸，失之我命。

第四章

CHAPTER 4

孤独

Do you
have
any regrets
……

01

你，孤独吗

※

你，孤独吗？

年少时，我坚信“莫愁前路无知己，天下谁人不识君”。

后来才发现，“相识满天下，知心能几人”。

那些想倾诉的事，终是止于唇齿、掩于岁月、匿于年华，不可说、不能说、不必说。

芸芸众生，三千繁华，五光十色，我却格格不入。

可是，没有人不曾孤独，只是有人不愿说罢了。

古来圣贤皆寂寞，那些诗词歌赋，句句不提孤独，可句句不都写满了寂寞吗？

苏轼的“拣尽寒枝不肯栖，寂寞沙洲冷”，柳宗元的“孤舟蓑笠翁，独钓寒江雪”，还有我们熟知的杜甫晚年的那句“万里悲秋常作客，百年多病独登台”，字字道尽了孤独，句句写满了落寞。

人生就是一场孤独之旅，而我们能做的就是以喜欢之心走遍人间四季，享受忙碌，适应孤独。

夏虫不必语冰，井蛙不必语海，逢人不必言深。愿大家与孤独相安，与万事言和。

你常常感到孤独吗？在漫漫长夜里，在曲终人散后，甚至在欢歌宴饮时……

2023 年 10 月 5 日，山西的天就像孩子的脸，昨日还晴空万里，次日便是黄沙漫天。朋友打趣说道：“南方的风是‘二月春风似剪刀’，山西的风就像‘天涯明月刀’。”这个形容实在有趣。

日子静谧安然，我和朋友意兴阑珊。偶然间看到这样一段话：“这浩渺尘世间定然存在另一个我，热烈追逐着我未曾敢去追逐的梦想，深情书写着我心驰神往、渴望书写的绚丽篇章。”于是，我的心湖泛起层层涟漪，便不由自主地萌生出想尽情倾吐的渴望。

先同你细细讲讲我吧。倘若非要用一个词语来精准概括我，那必定是“纠结”无疑了。我排斥那无尽的喧嚣嘈杂，却又深深恐惧万籁俱寂的沉默；我极度渴望踏上冒险的征程，却又给自己悄然设下诸多限制；我沉醉于诗意的浪漫唯美，却又满心厌弃那虚浮的繁华。

《百年孤独》中有句话："生命中真正至关重要的并非你遭遇了何种境遇，而是你铭记了哪些珍贵之事，又是以何种方式将其深深铭记于心的。"

你呢，不知是否也有着与我相仿的复杂感受？

言归正传，这位朋友是自小与我相伴成长的亲密挚友。曾经，与我们共同走过悠悠岁月的伙伴有好几位，然而时过境迁，时至今日，能够敞开心扉、诉说心事的仿佛仅余我们二人。她向我吐露寂寞，兴致已至，那就让我们浅谈孤独吧！

02

孤独是人生的常态

我一直很赞同一句话："一个人只有在孤独的时候才能成为自己。他若无法享受孤独，就不会喜欢自由，因为只有在孤独的时候，他才是真正自由的。"

▶ 关于爱情

年轻时的爱情热烈而冲动，苦涩而甜蜜；

人到中年时的爱隐忍、复杂，却又看起来漫不经心。

随着时间的推移，我们会渐渐发现，生活的真相是：即便是我们最爱的人，也没有完全的感同身受。独处亦有清欢事，未必人生尽相知。

▶ 关于友情

年轻时，我们害怕孤独，渴望拥有很多朋友，爱聚会、爱热闹、爱街道上的车马喧嚣；

长大后，我们才明白，假装合群更加孤独；

慢慢地，我们发现，孤独是一个人的狂欢，而狂欢是一群人的孤独。

▶ 关于亲情

父母在，人生尚有来处；

父母去，人生只剩归途。

以前不懂这句话的深意，经历后才领悟“子欲养而亲不待”之痛。很多人都是在父母去世后一夜长大的。

没有谁会永远陪着你，永远不会离开你的人只有你自己。

其实每个人都一样，都会感受到孤独、不安、痛苦，但孤独并非寂寞。

蒋勋曾在《孤独六讲》中说道：“孤独和寂寞不同，寂寞会发慌，孤独则是饱满的。”诚如所言，修行的路是孤独的，真正的自由往往在孤独中诞生。一旦一个人学会独处，便可获得生命的饱满。

虽处孤闷，也得自在；虽宿孤寂，也得自洽；虽游孤境，也得自由。

当一个人的灵魂不断趋向高级时，他便能心安理得地享受孤独，一个人工作，一个人思考，一个人去做自己喜欢的事。余华在小说《在细雨中呼喊》中写道：“我不再装模作样地拥有很多朋友，而是回到孤独之中，以真正的我开始了独自生活。”

随着年龄的增长，我身边能称得上真正朋友的人少之又少，于是一个人的生活变成了常态。我会一个人吃饭逛街，耳机里放着音乐，漫无目的地走着；我会抬头看黄昏、看落日，用相机捕捉每一刻永恒。虽然我会间接性地渴望能有人让我宣泄情绪，想有一个可以滔滔不绝倾诉的对象，但安慰的话好像并不能让我真正开心起来，于是我将留在微信对话框中的文字又删去。

这并非我瞧不起任何人，也不是我不接地气，更不是我故意要特立独行，而是在经历了诸多事情、有过各种感受并进行了深入反思之后，明白了一个简单的道理：孤独其实是人生的常态，而独处是我应对生活的一种姿态。于是，我开始学着主动拥抱孤独，并且乐在其中。

面对孤独，每个人都会经历三个阶段：起初是忍受，接着是习惯，最后是主动接受和选择。

年少时，我们害怕孤独，却又不得不面对；我们渴望与人交流，但表现得幼稚且笨拙。成年后，我们被迫参与了太多社交，却发现那不过是一群人的孤独狂欢。等到成熟后，我们终于学会主动选择孤独，开始享受一个人的时光，品味人生，沉淀自我。

正如马尔克斯所说：“孤独之前是迷茫，孤独过后是成长。”所以，我从不觉得孤独可怕，享受人生是走向成熟的必由之路。

作家马伯庸说：“孤寂的时光是我的思想王国，在这里，我能创造无数个故事，描绘无数种人生。”当一个人的灵魂丰富充盈时，这世间不过是暂时的寄身之所。当你开始享受精神世界的快乐时，物质欲望带来的满足就会变得微不足道。

马尔克斯在小说《百年孤独》里写过这样一句话：“生命从来不曾离开过孤独而独立存在。”

我们无论出生、成长、相爱，还是成功、失败，孤独都犹如影子一样存在于生命一隅。人生本就是独自赶路的旅程，越往前走，身边的人就会越来越少，最终只剩下自己。对每个人而言，孤独是必经的修行，也是与自我相处的方式。

活得孤独是常态，而享受孤独，则是人生应有的姿态。

03

在孤独中绽放出绚烂的生命之花

✳

林风眠，这位在中国现代美术史上留下浓墨重彩之笔的伟大画家，他的一生是孤独与创作交织的传奇。

林风眠诞生于穷乡僻壤的山村，先天的体弱使他险些被父亲遗弃于荒山中，是母亲的拼死保护才给了他生存的机会。然而，命运的残酷未曾停止。在他七岁时，深爱着他的母亲因违反族规被族人贩卖，从此下落不明。这童年的创伤，让他的内心筑起了孤独的堡垒，也使他习惯在独处中寻找慰藉。

他一遍又一遍地临摹书中的图画，艺术的种子悄然在他心中生根发芽。

中学毕业后，林风眠踏上了德国的留学之旅。在那里，他邂逅了大学生罗达，爱情的火花瞬间被点燃，他们迅速步入了婚姻的殿堂。后来，他满心欢喜地期待新生命的降临，可命运却再次无情地捉弄了他。罗达因产褥热离世，孩子也在不久后夭折。这接二连三的打击让林风眠陷入痛苦的深渊，孤独如影随形。

尽管生活充满了悲剧与孤独，林风眠却从未放弃对艺术的追求。1924 年，应蔡元培的邀请，他回国投身艺术教育与创作。郑重所著的《林风眠传》中详细记录了他在艺术道路上的坚定步伐，以及他在面对种种困难时的不屈精神。

在动荡的年代里，他曾经历牢狱之灾，被迫四处漂泊。然而，孤独与苦难并没有磨灭他的创作热情，反而成为他艺术灵感的源泉。他将内心的孤独、痛苦和对美好的向往融入画笔，创造出一幅幅独具风格的作品。

他的绘画融合了中西方艺术的精髓，他的画作既有中国传统文化的韵味，又有西方现代艺术的表现手法。在他的作品中，常常能看到孤独的身影、寂静的风景，却又透露出对生命的热爱和对未来的期许。

晚年，林风眠独自定居香港，在那片陌生的土地上，继续用画笔书写着他的艺术人生。他的孤独，成为他与艺术对话的独特方式；他的创作，成为他对抗命运的有力武器。

回顾林风眠的一生，孤独是他的底色，创作是他的光芒。他以孤独为壤，孕育出伟大的艺术之花，成为中国现代美术史上不朽的传奇。他的孤独并非消极的逃避，而是一种深刻的内省与对生命的独特洞察。他在孤独中思考，在孤独中探索，在孤独中创新。在他的画作中，那独特的线条、色彩和构图，仿佛都是他孤独灵魂的倾诉。他用艺术的语言，诉说着自己内心深处的痛苦、渴望与不屈。

他在后半生，历经了诸多磨难，如牢狱之灾和漂泊不定的生活，孤独始终伴随着他。然而，正是这份孤独，让他在艺术的道路上越走越远、越走越高。他的坚持和执着让我们明白，孤独并非人生的绊脚石，而是通向成功的阶梯。

所以，孤独并不可怕，可怕的是在孤独中迷失自我。林风眠用他的一生告诉我们，要勇敢地面对孤独，用孤独去磨砺自己的意志，用孤独去激发自己的创造力。他的故事激励着我们，在人生的道路上，无论遭遇多少风雨，都要坚定地追求自己的梦想，像他一样，在孤独中绽放出绚烂的生命之花。

04

学会享受孤独

伴随成长的脚步，愈行愈远，便越发惊觉：依赖自己的人渐渐增多，而自己所能依赖的人却日益减少。

曾经以为仿若超人般无所不能的父母，不知于何时，头上已悄然生出缕缕白发；曾经无话不谈的挚友，现如今就连发一则消息都唯恐是一种叨扰。明明满心酸楚，却寻不到倾诉之处；常常周身伤痕，却觅不得安慰之人。

越是试图逃避孤独，越容易被孤独所折磨。众多人为逃避孤独，迫使自己融入群体，最终却深陷更为深沉的寂寞之中。

然而，真正明智清醒之人，不再痴迷于一场接一场的喧嚣热闹。他们知晓如何妥帖地照料自己，能以平和之态面对成功，以优雅之姿迎接失败。他们无须凭借外界之声来印证自身的价值与归属，更不会仰仗他人的态度来解除内心的空寂与焦虑。

于独处之际，我们方能真切地体悟自我。有时会恍然顿悟，与其不停地向外界索求认可，不如趁着时光尚在，于孤独之中好好怜爱自身，纵情畅享这人生之旅。

在电影《想飞的钢琴少年》中，主人公维特自幼年起，就展现出了远超常人的智商和令人叹为观止的弹琴天赋。那灵动的手指在钢琴键上飞舞，弹奏出的美妙音符仿佛能直抵人心的最深处。然而，这份与众不同却让他在同龄人当中显得格格不入，成为被众人排挤的对象。他那充满落寞与无奈的话语犹在耳畔回响："世界跟不上我的聪颖，所以只有装傻才能和大家相处。"

为了能够融入集体，极度渴望获得认同与接纳的维特，狠下心假装摔坏脑子，故意佯装失去了弹钢琴的卓越能力。自此，他开始拼命地迎合同学们的喜好，努力让自己看起来与大家无异。热爱钢琴如生命的他，为了能和同学保持一致，不得不强迫自己去听那些丝毫引不起他兴趣的摇滚乐；明明拥有着聪慧敏捷的头脑，却在课堂上故意答错问题，一举一动都在努力扮演一个愚笨的傻子。

可是，日子一天天过去，他原本期待的内心的安宁与满足却并未如期而至。相反，他内心的孤独感不仅没有一丝一毫消除，反而像一个不断膨胀的黑洞，越发强烈地吞噬着他的心灵。他痛苦而迷茫地喃喃自语："人们叫我天才，我倒觉得自己像个傻瓜。"

直到那一个特别的日子，当维特无意间听到巴赫的《哥德堡变奏曲》那悠扬动听、如泣如诉的旋律时，他仿佛被一种无形的力量紧紧攫住，瞬间沉浸其中，如痴如醉。就在那如梦似幻的一刻，他犹如醍醐灌顶，终于深刻地明白：只有做自己喜欢的事，才会快乐。他也猛然惊觉，自己长久以来的伪装，其实是对真实自我的无情压抑，是对自己内心深处那份炽热追求的残忍束缚。

这部寓意深远的电影就像一面清晰的镜子，深刻地揭示了一个重要的人生真谛：在茫茫人海中，我们务必要坚守自我的本真，绝不能轻易被他人的期待和外界的看法所左右，更不应为了迎合他人而刻意伪装自己。就像维特所经历的那样，即便他暂时获得了群体表面上的接纳，却在这个过程中失去了内心最宝贵的安心与真正的快乐。

在生活中，众多人都对孤独心怀恐惧，总是急切地想要投身人群中，妄图从那里获取归属感和认同感。然而，一味盲目地追求热闹喧嚣，往往只能在无尽的喧哗与纷扰中迷失自我。孤独，它不仅仅是人生的底色，更是我们生命中一座看似难以逾越的高墙。倘若你绞尽脑汁、想方设法地试图奋力翻越它，最终只会让自己深陷痛苦与煎熬的泥沼中。

享受孤独，实乃人间清醒。当我们不再为了迎合他人而伪装，不再为了融入某个群体而违背内心时，我们就能在孤独中找到那个最纯粹、最真实的自我。

孤独并非一种惩罚，而是一种恩赐。它给予我们时间和空间，让我们去审视自我、去成长、去蜕变。在孤独中，我们可以阅读一本好书、聆听一首动人的音乐、创作一幅属于自己的画作。在这些时刻，我们与自己的灵魂对话，与内心的梦想相拥。

美国诗人萨藤在《独居日记》的开篇中这样写道：“几周以来我第一次独处，又拾起了我真正的生活。说来也奇怪，朋友、热恋都不是我真正的生活，唯有独处才是。”

萨藤的前半生可谓顺风顺水，她的每一部作品都广受赞誉，赢得了诸多荣誉。在声名鹊起之后，她的生活被各种社交活动填满。她频繁地与形形色色的人打交道，不断出席各类活动，还要应对大量的拜访和邀约。正如她在作品中所述的：“太多的社交让我感到自己像一片被风不断吹落的叶子，无法停歇。”

渐渐地，她开始感到呼吸困难，内心总是充斥着烦躁与不安。于是，在50岁那年，声誉正隆的她毅然决然地辞掉了一切社会职务，搬到了海边隐居。

在独居的岁月里，她每天沉浸于写诗和写日记。间歇时，她会悉心打扫卫生，给鹦鹉温柔地喂水；她开始用心留意桌前绽放的玫瑰花、窗外摇曳的树叶，以及滴答的雨滴；她常常回忆过去的种种经历，有时听着广播便不自觉地陷入沉思……

就这样，她的内心逐渐平静如水，感受到了久违的充实与满足。她曾感慨道："一个人的世界并非孤独的囚牢，而是自我成长的花园。"她深刻地觉得，没什么是必须依靠他人才能实现的，一个人就能完成许多有意义的事，也能收获真正的幸福。

萨藤的经历让我们看到，独处并非孤独的放逐，而是回归内心、找寻自我的旅程。在纷繁复杂的世界中，我们时常迷失在他人的期待和社交的喧嚣中，而忘却了内心真正的需求。萨藤以她的行动和文字告诉我们，勇敢地拥抱独处，才能在宁静中找到生命的真谛和幸福的源泉。

沈从文曾在文章中写道："孤独一点，在你缺少一切的时节，你就会发现原来还有个你自己。"当你远离了喧嚣纷扰，便无须在意别人的评价，也不用迎合他人的标准。

美学家蒋勋年轻时经常背着个包、带着两件衬衫，一个人跑出去旅行，让心灵一次次"出走"；作家木心放着好好的少爷不当，却偏偏去人烟稀少的莫干山写字画画，为后人留下无数直抵内心的作品。

在这个世界上，只有懂得与自己对话，我们才能接近最真实的自我。真正清醒的人，不再赶赴一场又一场的热闹，也无须再从人群里汲取满足感，而是不断往内走，避开纷扰的人群，在独处中享受属于自己的平静。

05

独处是一种最昂贵的自由

在这世间，有好多这样的人：他们离群索居，独自生活在一个小小的天地里，身边没有朋友围绕，却能够与天地畅快交流，将花鸟鱼虫视作亲密伙伴，与明月清影相互陪伴。他们的眼睛看到的一切都是如诗如画的美丽风景，心里想到的全是充满希望的遥远地方。

正如苏轼在《西江月·世事一场大梦》中所写的："世事一场大梦，人生几度秋凉。"他一生多次被贬，却能在孤独中保持豁达，于黄州种地酿酒，写下诸多传世佳作。他曾言："人间有味是清欢。"一个人待着其实也是一种清淡的欢乐，这种欢乐并非来自外界的热闹与喧嚣，而是源自内心深处的宁静与自足。

在独处中，我们能够倾听自己内心最真实的声音，能够自由地思考和感悟。只是，这种独特而美好的体验，其他人不一定都能理解和明白。然而，正是这样的孤独，如同一场精神的洗礼，换来了生命的丰富和饱满，让我们得以在浮华尘世中去掉虚假的伪装，留下最真实、最纯粹的自我。

还记得上学时学过的《桃花源记》吗？文中写道："土地平旷，屋舍俨然，有良田、美池、桑竹之属。阡陌交通，鸡犬相闻。其中往来种作，男女衣着，悉如外人。黄发垂髫，并怡然自乐。"在那片世外桃源中，人们每天伴随着太阳的升起去田间劳作，太阳落山便归家休息。他们对外界的风云变幻毫不关心，人与人之间没有争斗，只有和谐共处。村庄里处处能听见鸡鸣狗叫，那充满烟火气的声音传递着安宁与祥和。难道这样简单质朴却又宁静美好的生活不令人羡慕和向往吗？这不就是我们一直梦寐以求的安稳和理想的生活状态吗？

再看看我们如今的生活：节奏快得如同流星飞逝，人们不停地忙碌奔波。有的人被无尽的欲望驱使着去追求更多的财富、更高的地位，盲目地相互攀比，渴望拥有更优渥的物质条件、更光鲜的外在形象。可是，这些人也许一辈子常常在想要却得不到的焦虑，以及得到了之后短暂满足，紧接着又陷入空虚的循环之间徘徊不定。

诗人海子虽然只在世间度过了短短二十五年的时光，但是他那句“面朝大海，春暖花开”让人心生向往，难以忘怀。他在《黑夜的献诗》中说:“黑夜从大地上升起 / 遮住了光明的天空 / 丰收后荒凉的大地 / 黑夜从你内部升起。”尽管他的诗中时有孤独与荒凉，但他对美好的向往从未改变。生命的意义怎能仅仅用存活的时长来衡量？真正重要的是经历的丰富多样、内心的深沉广阔和精神的崇高伟岸。

当你不再为了讨好别人而卑微地低声下气，不再为了获得他人的偏爱而委屈自己，不会因为一时的得失而忧愁烦恼，也不会因为别人的几句闲言碎语就心烦意乱时，那么恭喜你，你成功地在孤独中找到了那个最真实、最美好的自己，从此，你的人生去伪存真。

周国平曾经说过:“世界是我的食物，人只用少量的时间进食，大部分时间都在消化，独处就是我在消化这个世界。”不合群只是表面的孤独，合群了内心也许会更孤独。

一个人成长进步的过程，从某种意义上来说，就是一个走向独立的过程。独立前会迷茫，迷茫如那在黑暗中摸索的行者，不知前路何方；独立后是成长，成长似那破茧而出的蝴蝶，绽放绚烂光芒。

真正厉害的人，不是避开车马喧嚣，而是学会在自己心中修篱种菊。正如叔本华所说的:“只有当一个人独处的时候，他才可以完全成为自己。”

曾经的我，在意他人的眼光，依赖他人的认同。为了融入所谓的群体，拼命迎合他人的喜好，参加一场又一场喧闹却毫无意义的聚会。在人群中，我强颜欢笑，努力寻找着话题，试图让自己显得合群。然而，每当聚会结束、夜深人静之时，我却感到无比的空虚和疲惫，内心仿佛有一个声音在呐喊：这真的是我想要的生活吗？

后来，我决定独自踏上一段旅程。那是一个偏僻宁静的小镇，没有繁华的街道和熙攘的人群。我住在一间简陋的民宿里，清晨被鸟儿的歌声唤醒，推开窗户，清新的空气扑面而来。我沿着蜿蜒的小路漫步，两旁是郁郁葱葱的树木和五彩斑斓的野花。那一刻，我仿佛与整个世界隔绝，只有自己的脚步声和呼吸声陪伴着我。

在那段独处的时光里，我有了更多的时间思考自己的人生。我回忆起曾经的梦想，以及被我遗忘在角落里的初心。我不再为了他人的目光而活，不再为了迎合别人而委屈自己。我开始阅读那些一直想读却没时间读的书籍，写下自己内心深处的感受。我发现，当我真正与自己独处时，我变得更加了解自己，也更加坚定了未来的方向。

放下疲惫，沉浸在独处之中，往事如风飘散，未来如梦虚幻。享受孤独却不觉寂寞，时常对生活不满但始终赤诚以待。

人生真正的丰盈，是来自独处时的思考和生命的沉淀。在这个喧嚣浮躁的时代，我们常常忙碌于琐碎的事务和纷繁的人际关系，却忽略了独处的力量。唯有在独处中，我们才能回归内心的宁静，深入思考人生的意义，实现生命的沉淀与升华。

独处是一种最昂贵的自由，因为独处中的人，能拥有全部的自我。在独处中，我们能听见内心最真实的声音，能感受到灵魂最深处的渴望。

独处是思考的契机。当我们远离人群的喧嚣，独自面对自己的内心世界时，思维得以自由驰骋。在独处中，我们可以反思自己的行为和选择，审视自己的价值观和人生目标；我们能够回顾过去的经历，总结经验教训，为未来的发展规划方向。苏格拉底曾说：“未经审视的人生不值得过。”通过独处时的思考，我们能真正了解自己，认识到自己的优点和不足，从而不断完善自我。

生命的沉淀也在独处中悄然发生。独处让我们有时间去阅读、学习、欣赏艺术，汲取人类智慧的精华。在书籍的世界里，我们与伟大的思想家对话，拓宽自己的视野；在艺术的殿堂中，我们感受美的力量，陶冶自己的情操。同时，独处也让我们有机会面对自己的内心感受，学会接纳自己的情绪。无论是喜悦还是悲伤，是愤怒还是恐惧，在独处中，我们都可以坦然面对，将这些情绪转化为成长的动力。通过不断沉淀和积累，我们的内心变得更加丰富和强大。

然而，我认为独处并不意味着孤独和与世隔绝。相反，它是一种积极的生活态度。在独处中，我们学会了独立思考和自我管理，培养了坚韧不拔的品质。当我们再次回到人群中时，我们能够以更加成熟和自信的姿态与他人交往。

历史上许多伟大的人物都深知独处的价值。爱因斯坦在独处中进行科学思考，创立了相对论；陶渊明远离官场的喧嚣，在独处中感悟自然之美，写下了许多不朽的诗篇。他们的成功并非偶然，很大程度上得益于他们独处时的思考和生命的沉淀。

珍惜独处的时光。我们可以找一个安静的角落，泡一杯热茶、读一本好书，或者去大自然中漫步，倾听鸟儿的歌声、感受微风的抚摸。让我们在独处中寻找内心的宁静，思考人生的意义，实现生命的丰盈。

巴尔扎克说：人生真正的深刻，是源自寂静中的省悟和岁月的雕琢。人生的真谛，就是一个人前行。无论奔向何方，都应该明白，怀念是一条没有尽头的路，曾经所有的辉煌都无法重现，唯有思索永恒。一个人要想从容地活着，需要奋力学会静思。珍视自己，是毕生华彩的开端。

我们总是期望寻找到能为自己分担压力和焦虑的人，可大多时候，我们那些翻天覆地的困扰，在别人眼里不过是轻轻吹过的微风。不要对他人怀有太多奢望。或许成熟之人的孤独就是冷暖自知，而这也正是我们难能可贵的自在。人越成熟，越要练就静思的本领。

人生真正的厚重，是发于静谧中的感悟和时光的洗礼。人生的本相，就是要独立跋涉，无论行至何处。

一个人要想安稳地活着，就需要竭力学会自省，不要对旁人抱有太多幻想。呵护自己，才是一生优雅的起点。或许成长之人的孤独就是苦乐自尝，而这也正是我们无比珍贵的自主。

第五章

C H A P T E R 5

成熟

Do you
have
any regrets
……

01

什么是成熟

✳

曾经，我看山是山，看水是水；后来，我看山不是山，看水不是水；如今，我看山还是山，看水还是水。

可能正如王阳明所说的：“喜怒哀乐，非人情乎？自视、听、言、动以至富贵、贫贱、患难、死生，皆事变也。事变亦只在人情里……”

也可能像苏轼，有“大江东去”的豪迈，有“一蓑烟雨任平生”的豁达，有“十年生死两茫茫，不思量，自难忘”的深情，但也有烟火人间里的“猪肉颂”。

原来，山水一直都在那里，目之所及，都是内心之物罢了。

所以我明白了，见不得别人好，别人未必不好，但你肯定不好，因为你内心没有美好！

所以我接受了，把自己还给自己，把别人还给别人，让花成花，让树成树。

所以我领悟了，渡生活的劫，谢时光的暖，让喜欢的事情充满生活。

“境随心转”，把自己变成糖，生活就甜了。

那份历经世间沧桑、看尽人生百态后的释怀还有一个名字，叫作“成熟”。

也许我们这辈子都需要磨砺一颗心，知世故而不世故，明暗随心；历圆滑而弥天真，赤子之心；善自嘲而不嘲人，乾坤于心。

可有，可无，可去，可留，便是人生。

愿你爱你所爱，行你所行，听从你心，无问西东。

说起成长与成熟这个话题，我的思绪就像柳絮，飘向了我一路走来的那些年。回想过去，那个曾经单纯天真、满是憧憬的自己已经慢慢远去，消失不见了。我们从幼稚变得成熟，从单纯变得复杂，从横冲直撞变得小心翼翼，从毫无顾忌变得处处防备。

不知你是否也有过这样的感受？是否也曾在夜深人静

时，回忆起曾经那个充满朝气、无所畏惧的自己，然后感慨时光的无情、生活的打磨？你是不是也在人前强装勇敢，而内心却藏着无数的脆弱与迷茫？

人到中年，我曾在利益面前心寒，曾于初心坚守中身暖。我经历过合作的背叛，感受过人情的冷暖，遭遇过理想的挫折，领略过人心的深浅。

罗曼·罗兰说："世上只有一种真正的英雄主义，那就是认清生活的真相后，依旧热爱生活。"可只有我知道，那个小小的我在大家面前装得很坚强，好像什么困难都能解决，可有些难关想要过去，真的很难……

我听过这样一个故事：

> 一只蛹想要变成蝴蝶，使劲挣扎。有个人看它太辛苦，就帮它弄破了茧。可这只蝴蝶因为没经过自己努力破茧的过程，翅膀没力气，根本飞不起来。

这个故事让我明白，人生里的困难和挫折，就像那困住蝴蝶的茧，只有靠自己使劲冲出来，自己才能真正变得强大，才能自由自在地飞。

成熟不是年龄大了自然就有的，也不是大张旗鼓表现出来的，而是在经历了很多挫折、想明白了很多事情之后，不知不觉就有了。就像苏格拉底说的："没好好思考过的人生不值得过。"我们在生活的磨炼里看清自己，在人性的好和坏里锻炼自己，慢慢就变成熟了。

所以，成熟不是时间给予的礼物，而是生活给予我们的考验和教导。每一个受过的伤都是成长的证明，所以我想，成熟从来不是岁月的馈赠，而是生活赋予我们的经历。

2015 年，股票市场过山车似的动荡如同一记重锤，将我的生活彻底击碎，我的人生从云端跌入了无尽的黑暗深渊。倾家荡产的那一刻，我的世界瞬间陷入了无边的黑暗。

曾经的我，生活富足，充满希望，然而当这一切化为乌有时，我才发现自己是如此的脆弱。家人的不解如冰冷的寒风，刺痛着我的心。他们的眼神中充满了失望与责备，每一句质疑都像重重的锤击，让我几近窒息。朋友也纷纷远离，曾经的欢声笑语化作了冷漠的背影，孤独与无助将我紧紧包围。

那段日子，我的世界失去了色彩，只剩下一片令人窒息的黑暗。每天清晨醒来，面对的是无尽的绝望和迷茫。夜晚，我躺在床上，辗转反侧，无法入眠，脑海中不断浮现出曾经的辉煌与如今的落魄，痛苦如影随形。

我开始怀疑人生的意义，质疑自己的价值。我觉得，自己仿佛是被世界遗弃的孤儿，独自在黑暗中徘徊，找不到出路。

“人生在世，富贵不可尽用，贫贱不可自欺。”这是王阳明先生的教诲。可当时身处黑暗低谷的我，却无法真正领悟。

就在我几乎被黑暗吞噬的时候，我的爱人建议我去看看王阳明的一生。于是，我翻开了王阳明的《传习录》，那些充满智慧的文字，仿佛一道曙光，开始照亮我内心的黑暗。

就这样，我决定踏上一段为期三年的旅行，去看世间众生、去寻找真正的自己、去感悟王阳明思想的真谛。

在云南的一个边陲小镇，我遇到一位年逾古稀的老人。他独自一人守着一家简陋的茶馆，每天迎来送往，脸上却始终洋溢着满足的笑容。我好奇地问他：“您独自一人，不觉得孤单吗？”老人微笑着回答：“心若安定，何处不是家？”那一刻，我突然明白，内心的宁静才是真正的归宿。

在西藏高原上，我目睹了朝圣者们一步一叩首的虔诚。他们风餐露宿，却目光坚定。他们对信仰的执着让我不禁思考：人生是否也应有这样一份坚定的追求，不为外物所动摇？

在江南水乡，我听到一位船夫这样说：“人生就像这河流，有平缓、有湍急，但只要一直向前，总会到达想去的地方。”

我也去了贵州龙场。当年，王阳明被贬谪至此，环境恶劣、瘴疠弥漫，可他并未因此消沉，反而在艰难困苦中悟道。想到此，我不禁自问，我所面临的困境难道比龙场的艰难更甚？

在旅途中，我走过一个个偏远山村，村民们虽然生活贫困，但相互扶持，脸上总是洋溢着真诚的笑容。我想起王阳明的“致良知”理论，良知自在人心，与财富无关，而在于内心的善良与真诚。

在江南水乡小镇，我看到一位老者在河边悠然垂钓，不为渔获，只为享受那份宁静。这让我想起王阳明的“知行合一”理论，知是行之始，行是知之成。我们追求内心的平静，也需在行动中去践行。

在这三年的旅行中，我看过大漠孤烟，领略了长河落日；我走过山川湖泊，看到了世间百态；我感受过市井烟火，体验了人间温暖。每一段旅程、每一个相遇的人，都如同一面镜子，让我看到了人生的许多面；每一次相遇、每一处风景，都让我对人生有了更深刻的理解。

当我结束这段旅程，再次回到熟悉又陌生的城市，我已不再是那个被黑暗吞噬了灵魂的我。王阳明的智慧如同明灯，照亮了我前行的道路。

如今，我明白人生的起伏是必然，重要的是坚守内心的光明。正如王阳明先生所言：“越是艰难处，越是修心时。”我回首那段黑暗的岁月，心中已不再有恐惧和怨恨。因为我知道，那是人生给予我的一次最深刻的考验，也是让我走向觉醒的必经之路。我将带着这份智慧与勇气，继续前行，无惧风雨。

02

王阳明的心学告诉了我们什么

学习王阳明的心学，我受益匪浅，根据近年来一些新的经历和思考做一些分享，浅论拙见，仅供参考。

王阳明的心学宛如一座深邃而璀璨的智慧宝库，其中蕴含着三大核心思想：其一为心即理（价值存在），其二是知行合一（价值判断），其三乃致良知（价值归宿）。

▶ 心即理

“心即理”就好像闪闪发光的起点，是一切开始的源头，又像特别灵动的想法，里面有着超级强大的力量。

王阳明说过："破山中贼易，破心中贼难。"这也能看出他对内心的重视。所谓"心外无理"，其实就是说外面的各种具体东西还有它们之间那些复杂的关系，并不能自己就产生出"理"来。"理"其实是我们对客观事物或者规律的一种主观的理解和认识，是从我们心里想出来的。要是心没了，"理"也就不存在了。

比如说，一个学生想要在考试中取得好成绩，如果只是等着老师和家长来督促，依赖外部的压力和条件，而自己内心没有真正想要努力学习的意愿，那么他很难真正提高成绩。只有当他从内心深处渴望获得知识，主动去思考、去学习，才有可能实现成绩的提升。这就是"心即理"的体现，内心的想法和动力才是关键。

简单来讲，你看到的世界上各种各样的事情、听到的那些纷纷扰扰、感受到的高兴和难过、想到的各种人生道理，还有你脑子里那些像星星一样闪亮的想法，一起凑成了只属于你的、独一无二的整个世界。除了这个，对你来说，根本就没有另外一个平行的世界；或者说，另外那个所谓的客观世界，对你来讲也没有什么实际的意义。

王阳明在龙场那个又偏僻又艰苦的地方悟道的经历，就跟凤凰涅槃一样。就像孟子说的："天将降大任于是人也，必先苦其心志，劳其筋骨。"王阳明在那些艰难的日子里，靠着坚定的信念和顽强的意志，在困境当中不断努力，坚守初

心，最终突破困难、明白大道。

对于“心即理”的思想，我觉得它宛如一盏明灯，照亮我们内心深处那片未被开垦的智慧田野。它着重强调内心那股如同涌泉般的主观能动性，让我们清晰地意识到，自己的内心恰似一座蕴藏着无尽宝藏的矿山，拥有着磅礴的力量和璀璨的智慧。

我们不应如随风飘舞的蒲公英，只是被动地接受外界的吹拂与摆布，而应像勇敢的雄鹰，主动张开翅膀，去搏击长空、去探索那未知的天际。我们要积极地调动内心的力量，用心灵的双眸去审视世界，用灵魂的触角去触摸真理，用内心的火焰去点燃梦想的灯塔。

心即理，心外无理、心外无物、心外无事。

用一种更为简洁而温和的方式来诠释，这与西方存在主义心理学有着异曲同工之妙：外界的事物如同轻盈的飞羽，悄然飘入人的内心世界，经过人独特而细腻的认知加工后，所呈现出的情绪究竟是如春风般和煦，还是如寒风般凛冽，其关键就在于人的认知水平与观察视角。

比如，某人在悠闲逛街的时候，忽然意识到自己的手机被遗忘在了之前的餐厅，于是心慌意乱地快步回去寻找，然而最终手机依然没能找回，同时还因返回餐厅而延误了和朋友约定的聚会时间。在这样的状况之下，绝大多数人都会觉得自己被霉运的阴霾所笼罩。

然而，要是在此时，其与朋友聚会的场所遭遇了歹徒的抢劫，所有人都遭受了惊吓和损失，那么此人瞬间便会觉得自己是特别幸运的。他究竟是倒霉还是幸运，实际上并非由外界的客观事物所决定，而是取决于他内心对这件事情的权衡与比较。当这种对比倾向于对自己有利时，他会由衷地感谢幸运之神的眷顾；当对比结果对自己不利时，他则会满心觉得被命运所捉弄。

让我们静下心来深入思索一下他进行对比所依据的那个参照物究竟是什么。假如通过持之以恒的修炼，改变那个参照物，是否就如同春风拂过冰封的湖面，彻底革新了自己的观念，进而温柔地扭转了自己的情绪？

当我们潜心学习王阳明的心学时，便会明白如果改变内心的参照物，就能够巧妙地改变自己对外界事物的看法。这个改变内心参照物的过程，依我个人的深切感悟，无疑是一次对内心世界的精心雕琢。

比如说，当你的目光和一朵玫瑰相遇时，你怎么会毫不犹豫地认定它是一朵玫瑰？要是你从来没看到过玫瑰娇艳的模样，也没通过任何方式了解过玫瑰的显著特征和含义，你还会这么坚定地觉得眼前这朵花就是玫瑰吗？答案应该是否定的。咱们大胆假设一下，如果从一开始，你接触到的概念是这样的花不是玫瑰，而是百合，那么你就会认定你看到的肯定就是百合。所以，你对外界一切真实存在的认知，往往是你内心深处认知的映射。那么，勇敢地改变我们自身的认知维度，是否就能如同晨雾渐渐散去般改变我们对世界的看法？当我们成功地改变了对世界的看法后，是否就能如同潺潺溪流汇聚成宁静的湖泊一般稳定我们的情绪，最大限度地减少痛苦的侵袭，让自己的心灵沉浸在更加深沉、持久的幸福之海中？

“心即理”的本质其实是在告诉我们，修炼的真谛应当是向内探寻，用心去呵护自己的内心世界，而非盲目地向外寻求，妄图从外部获得救赎。因为真正的力量与智慧，往往如同深藏在蚌壳中的珍珠，静静地等待着我们去发现、去唤醒。

▶ 知行合一

王阳明深刻地指出：知是对世间万物的洞察与领悟，宛如夜空中的星星，为我们照亮前行的道路、指明方向；行，就是知的实际表现，恰似一幅精美绝伦的画卷，将其内里蕴含的丰富情感与深刻内涵淋漓尽致地展现出来。知是行的开头，恰似黎明时分那第一束穿透黑暗的光，充满了无限的可能性，孕育着希望与机遇；行又是知的结束，仿若果子熟透后自然掉落，达到了一种成熟和完整的境界。知里面有行，好比清风吹过茂密的树林，树枝、树叶随风摇曳的时候，就能清晰地感受到风那无形却强大的力量；行里面有知，如同小溪在幽深的山谷里欢快奔腾，溅起的水花中都蕴含着灵动的智慧。这二者相互交融、互相依存，就如同生长在一起的并蒂莲，紧密相连、难以分割。

王阳明说："未有知而不行者。知而不行，只是未知。"

王阳明在平定宁王叛乱的时候，展现出了极其敏锐的洞察力，有着精心细致的谋划，更有着果断无畏的决策。他首先对局势进行了全面而深入的了解和精准的判断（这就是知），深知宁王军队尽管来势汹汹，但内部存在着重重矛盾，后勤补给面临着诸多困难。随后，他毫不犹豫地调兵遣将，身先士卒地冲锋陷阵，巧妙机智地排兵布阵（这就是行）。

他亲自指挥军队，凭借着对敌军弱点的精准把握，各个击破。倘若他只是知晓局势如何，却没有果敢地付诸行动，那么这场叛乱必然无法平定。正是因为他将所知化为了坚决有力、切实可行的行动，才能够迅速地平定叛乱。

王阳明在治理南赣地区时，了解到当地匪患猖獗，百姓生活苦不堪言（这是知）。于是，他精心制订了一系列详细周全的剿匪计划，有条不紊地组织训练民兵，全力以赴地加强地方防御（这是行）。他不畏艰险，深入匪巢，详尽地了解匪情，根据实际情况灵活巧妙地调整战术。他不仅坚决有力地打击土匪，还始终关注民生，大力推行一系列安抚政策，尽心尽力地帮助百姓恢复生产（这是行）。因为他深深地明白，只有让百姓安居乐业，才能从根本上杜绝匪患的滋生（这是知）。在王阳明坚持不懈的努力下，南赣地区的匪患终于得到了有效的治理，社会秩序也逐渐恢复稳定，百姓重新过上了安宁祥和的生活。

“知”是对世上万事万物的清晰了解和深刻理解，“行”是把内心的想法坚定不移、实实在在地去践行的勇敢和坚决。只有勇敢无畏、大胆果断地去实干，知识才能真正发挥作用。仅仅在书房里静坐，阅读大量书籍，即使知晓众多的理论，那也只是纸上谈兵，无法真正将知识转化为自己的能力和素养。所以说，知和行从本质上来说就应是不可分割的一体，水乳交融。这就是“知行合一”最为核心的深刻含义。

从宏大的哲学视野来审视，“知行合一”无疑是一个蕴藏着深邃智慧的哲学理念，不可仅仅将其浅显地理解为理论与实际的简单关联。要清晰而精准地阐释“知行合一”的丰富内涵并非易事，在此提供一些思考路径，引领你缓缓走进其神秘的内核。

人的行为由思想所牵引，而人的思想恰似一片浩渺无垠的星海，繁杂多样、深邃莫测，例如，存在着善恶的分野、优劣的差别、利己利他的抉择等。

知者行之始，行者知之成。在修习心学的漫漫征程中，其实仅需专注于一点，那便是知与行宛如双生之花，不可被生硬地分割为两件事。

在生活中，许多人常常信誓旦旦地宣称自己知晓许多道理，然而在付诸实践时却显得力不从心，无法将所知化为切实的行动。以王阳明先生的知行合一理论来深度阐释，这恰恰揭示了一个真相：那些所谓的做不到，从根本上来说，其实是并未真正达到“知”的境界。

知行合一这一理念自诞生之初，便旨在化解朱熹所主张的“先知后行”的观点所带来的困惑。然而，令人惋惜的是，许多人因未能果敢地迈出行动的步伐，便借口称自己知之尚浅，从而在原地徘徊、停滞不前。

知行合一的道理其实质朴而明晰，犹如清澈溪流中的鹅卵石，一眼可见。那便是：当你在心灵深处领悟了一个道理后，就应当毫不犹豫地以坚定的行动去践行它。若你的实践与所悟之理丝丝入扣、完美契合，那么这一刻的“知”方可被视为真知；反之，若实践的结果与所悟之理背道而驰，那么此刻所谓的“知”便难以称为真知。简而言之，知行合一恰似在行动的洪流中闪烁的思考之光，又似在思考的静谧花园里绽放的行动之花，两者相辅相成、缺一不可。切勿陷入只做不想的盲目之境，亦莫陷入只想不做的空想之渊。任何一件事情，知与行都得如影随形，同时存在、同时产生。

就如同“赵括纸上谈兵”的典故：赵括熟读兵书，谈起兵法来头头是道，但在真正的战场上，却无法将理论转化为实际的作战能力，导致大败。这正说明了只知不行，并非真知。

又如，学习烹饪这一具体的事例。真正想要出色地烹制美食，必定是在边看边做、边做边改进的过程中实现的。在这个充满尝试与进步的过程中，知与行相互交织，不可分开。

以上两件事告诫我们，在面对任何事时，光说不练不过是徒有其表的虚假姿态，而光做不思则是僵化呆板的鲁莽之举。知行合一教导我们，在处理每一件事情时，都要在实际行动的过程中进行深入思考，在思考的每一个瞬间都勇敢地投身于行动之中。唯有如此，当最终事成之时，我们方能真正触摸到真知的轮廓。

此外，知行合一还为我们揭示了一个基本却又常常被忽视的哲学道理：世间万事万物皆如同那拥有正反两面的硬币，具有不可分割的双重属性。有光明的正面，必然存在隐晦的反面；有美好的一面，就必然有不那么美好的另一面。任何事情都蕴含着双面性。

当我们在处理纷繁复杂的事务时，如果仅仅执着于事物的某个单一的层面进行思考，必然会滋生出偏激与狭隘的想法，从而迷失在认知的迷雾之中。

综上所述，知行合一绝非仅是一种玄奥的哲学观念，而是一条通往心灵升华的修行之途。倘若只是浅尝辄止地将其视作理论与实践的简单关联，那无疑是对这一智慧宝藏的忽视。

▶ 致良知

王阳明笃定，于天下而言，再无任何事物能比良知更为珍贵。所谓“致良知”，实则是达至自己内心深处的良知。此处所提及的“良知”，既为道德层面的意识，亦为至高无上的本体。要达到良知之境，需要每时每刻接纳良知的指引，求得内心之理，继而付诸行动，用心体悟。

良知之外，更无知；致知之外，更无学。当我们的目光触及生活的细微之处时，便能清晰地感受到良知的存在。比如，见到父亲，内心自然涌起孝敬之情；见到兄长，自然知晓尊敬与友爱；见到幼童坠入深井，本能地心生恻隐怜悯。这，便是良知的生动体现。良知乃是人之本性的璀璨光辉，人之初，性本善，而人之所以会有善恶之分，纯粹是由于后天环境的熏染和教育的影响。

王阳明先生认为，既然人生来就怀揣着良知的火种，那么前面所提及的“心即理”，也就是修炼内心的过程，其本质便是去追寻和发现自己那份本真的良知。人的内心在初始之时，就如同一面纯净的铜镜，而贪欲就好似铜镜上的锈迹与灰尘。修炼的过程，便是小心翼翼地擦拭去这些锈迹与灰尘，让内心原本的纯净与明亮得以毫无保留地展露出来。

曾有这样一个故事：

在一个古老的小镇上，有一位善良的年轻人。他每日都会帮助邻里，从无怨言。有一天，一个商人路过，故意在他面前掉落一袋金子，想试探他的品性。年轻人捡到金子后，毫不犹豫地等待失主归来。商人问他为何不据为己有，年轻人微笑着说：“我的良知告诉我，这不是我的东西，不能拿。”

这个小小的故事，正是良知在平凡生活中的闪耀。

当一个人成功地寻找到了自己本质的良知，并依凭良知去践行知行合一时，他便能攀登上人生崇高的境界。这一境界，犹如那高山之巅的雪莲，纯净而又令人向往。

“无善无恶心之体，有善有恶意之动，知善知恶是良知，为善去恶是格物。”

人的本初之态，恰似澄澈无波的清泉，本无善恶之分，而真正的善恶之别，往往源自意念（观念）的悄然萌动。能够敏锐且清晰地区分何为善、何为恶的这种超凡能力，恰如孟子所传颂的“良知”。在儒学的理论中，占据关键席位的“格物”，其真谛在此便是“为善去恶”。

03

如何修心

说到这里，或许书前的你会向我问询：那王阳明的心学究竟该如何修炼呢？坦率地说，我也无法给出确切的答案。不过，以下是我个人的些许感悟，在此与你分享，期望能给你带来一丝启迪。

我觉得，王阳明心学的修炼绝非一蹴而就之事，而是一个循序渐进的过程，它需要我们用心去感受、用行动去践行，在生活的点点滴滴里，去发现那些隐匿于平凡背后的真理，去体悟那心之本体的纯粹与力量。

首先是心即理，修行的指向乃是内省与自悟。当遭遇世事的波澜时，应当率先于自身探寻根源，果敢地改变陈旧的观念，巧妙地转换对待尘世的视角与态度，从而让自己的内心变得坚毅且强大，宛如巍峨的山峦，不惧风雨的侵袭。

就如同古代贤士，面对仕途的坎坷，没有怨天尤人，而是反躬自省，最终明白了自己真正的追求，实现了内心的宁静与强大。

其次是知行合一，在心灵的修炼中思索，于思索的过程中践行。思考问题务必兼顾阴阳两面，诸如好坏的对立、高矮的差异、胖瘦的不同，它们皆如孪生兄弟，同时存在于世间万象之中。

最后是致良知，坚定地守护良知的底线，如同守护心中的圣火，明辨善恶的分野，决然地摒弃贪欲的诱惑。

王阳明心学，于我而言，恰似一盏明灯，指引着我思考的方向，塑造了我一种独特的思维。我们皆深知，改变一个人的习惯仿若移山填海，需要历经无数次反复且大量的磨炼，方能初现曙光。

王阳明心学的理论架构起了一座严密的逻辑堡垒，实现了完美的闭环。儒学自朱熹主导格物致知路线发生了华丽的转身。朱熹侧重于逐物，而王阳明倾心于逐心；朱熹倡导的是他律的规范，而王阳明主张的是自律的觉醒。

不妨让我们回味那句流传千古且韵味无穷的话：“看山是山，看水是水；看山不是山，看水不是水；看山还是山，看水还是水。”实际上，王阳明心学在龙场悟道的初始阶段尚显稚嫩，直至晚年，王阳明悟出致良知的真谛，方达圆融成熟之境。王阳明历经多年的潜心修炼，在某个灵光乍现的瞬间，顿悟了大道。而后，他并未沉浸于虚幻的荣耀，而是回归平实，脚踏实地去耕种田地。

其实，人在世间行走，总会经历许多坎坷与磨难，也不可避免地会遭遇各种痛苦和失败。只是，在生活逼仄的困境里，有的人抱怨指责，止步不前；有的人则选择移步换景，自在随心。

世事易变，人世无常。倘若总是执着于某人某事，生活就会像枷锁一般，让你困于内心的牢笼，活成自己的囚徒，在精神上无处可逃。

04

放下内心的执念

何为执念？如何放下执念？

爱而不得、放而不舍、求而不能、失之不甘，是谓执念！

人生就是个不断得到与失去的过程，我们没有永恒的生命，也没有不老的青春，时间到了，该老的会老，该走的会走，我们终不过是世间的过客。既为过客，又何必执着呢？

但是，所有人都似乎长了两颗心，一颗是贪心，另一颗是不甘心，是这样吗？

所以，你要问我怎么放下，我不知道该怎么回答你，但是我建议你：

去听，“春听风声，夏听蝉声，秋听虫声，冬听雪声。白昼听棋声，月下听箫声，山中听松风声，水际听欸乃声。”去看，“看壮阔昂扬，可见长河落日，大漠飞烟的敦煌。去看看丹青水墨般秀丽的江南，去看看被白雪覆盖、洁白如羽的长白山，去看众生，去找自己”。

等你回来，我们再讨论这个问题。

太过于执着的人，注定会错过生活中许多的美好与快乐。

其实，在我们每个人的一生中，越不过去的常常不是眼前的坎坷，而是自己心中的那些执念。

执着于物欲，让我们每天忙忙碌碌，生活没有一丝空隙。为了体验得到的快乐，我们不停地追逐，不断地寻找；为了减轻失去的恐惧，我们背负着沉重的“藤壶”，不断地消耗着自己，无法挣脱。

执着于关系，使我们左右摇摆，在依赖和期待中患得患失、迷失自我，内心也变得越来越匮乏无力。

不管是亲情、友情，还是爱情，生命中出现的所有人，不过是因缘和合的产物。缘聚则生，缘散则灭。

人生有太多的执着，如影随形，我们无法摆脱。

那些放不下的过往、解不开的心结，让我们深陷其中，痛苦不堪；那些曾经的伤痛与失落，那些苦苦挣扎的日子和无数个痛彻心扉的时刻，如同黑夜中的暴风雨，肆虐着我们的心灵。

世间变化无常，不是所有的事到最后都能得偿所愿。崩溃，不过是天不从人愿；痛苦，无非是事不从人心。

所以，让人痛苦的根源，从来不是痛苦本身，而是内心的执着。

不执着于物欲，才能摆脱束缚；不执着于关系，才能活出自我；不执着于对错，才能获得自由；不执着于输赢，方能体会幸福；不执着于得失，心才会平静宽广。

往后余生，愿我们都能放下心中的执念，摆脱一切束缚和烦恼，冲破痛苦的牢笼，过自在轻松的生活。

05

世俗、脱俗和超俗

古语有云:“入世为俗,出世为雅;入世非俗,出世非雅;入世亦俗,出世亦雅。”

这是古人对于人生三种境界的阐述,也是人生必然要经历的三个阶段。

通俗来讲,这句话实则对应着人生“世俗、脱俗和超俗”三种不同的心态。

“入世为俗,出世为雅”,彰显着一种世俗的心态。

人在最初踏入社会时,往往被功名利禄所吸引,追逐物质的享受和外在的虚荣。此时,就像初入江湖的新手,尚未领悟人生的真谛，精神尚不富足。所以，看待事物多以功利为标准，觉得只有获取物质财富才是成功，对精神世界缺乏深入探索和追求。但这种心态是建立在对世俗价值的盲目追随之上，代表着初始的浅显认知。

大多数人只注重外在的表象，很容易在遭遇挫折或困境时感到迷茫和困惑，从而对自己的追求和价值观产生怀疑。

“入世非俗，出世非雅”，则反映着一种脱俗的心态。

随着我们阅历的增加，经历了诸多的荣辱得失，也感受了人间的冷暖炎凉，之前世俗的心态，逐渐被对精神的追求和内在价值的渴望所取代。最后，入世也思考，出世也斟酌，不再简单地将入世定义为俗，出世定义为雅。

“入世亦俗，出世亦雅”，体现了一种“随心随性，自然而然”的超俗心态，这是介于世俗和脱俗之间的第三种境界。

在经历了人世间的风风雨雨后，人们开始学会平衡物质与精神，放下对名利的追逐，避开尘世的纷扰，不执着于入世的繁华，也不贪恋出世的清净，只是随心随性地生活在当下，用一种平和的心态去看待入世和出世。这便领悟了生活的真谛。

有人说：“世俗的人在平地看世界，看到功名利禄；脱俗的人在半山看世界，看到心灵寄托；超俗的人在山顶看世界，看到天地广阔。”我深以为然。

超俗，是李白“安能摧眉折腰事权贵，使我不得开心颜”的不羁，是王维“行到水穷处，坐看云起时”的悠然，是刘禹锡“斯是陋室，惟吾德馨”的高洁，是孟浩然“待到重阳日，还来就菊花”的随性。

超俗，是对过往虚荣的舍弃、对未来诱惑的抵御和对当下本真的坚守。沉迷于过去的虚荣、向往未来的虚幻，都是对当下真实的辜负。不生活在虚幻之中，把握此时此刻，活在当下，才是真谛。

“无事心不空，有事心不乱。”在平凡琐碎的日子里，能够保持内心的充实，不被无聊所困，这是一种修养；在风云变幻的时刻，能够保持坚定的信念，不被困难所阻，这更是一种境界。

往后余生，愿你我摒弃虚荣和迷茫，修炼内心，学会超俗处世，活出逍遥洒脱的人生。

第六章

C H A P T E R 6

人生的意义

Do you
have
any regrets
……

01

人生的意义是什么

既然所有的生命都要消逝，那么人生的意义究竟是什么？

我看到过一条网友的评论，让我内心翻涌。他说："没有意义，活着只是为了活着。"似乎不知从何时开始，不少人变得悲观厌世。

那么，人生的意义到底是什么呢？是爱情，是事业，又或者是金钱？人生只百年，我们终其一生，不过也是世间的匆匆过客。我们看似在追寻幸福的路上，却渐渐发现事与愿违，幸福仿佛只是看得见、摸不着，感觉近在咫尺，又好像远在天涯。

当看着路上行人眉头紧锁、行色匆匆时，我不禁思考：那些我们奋力追求的“幸福”是真正的幸福吗？

在这浩瀚的宇宙中，我们的存在是如此渺小，如同一粒尘埃，随时可能被时光的洪流吞没。

我们所追求的爱情，也常常充满了不确定性和脆弱性。海誓山盟或许在某一刻会被现实的风雨轻易击碎，留下的只有无尽的伤痛和失落。那曾经以为可以依靠一生的人，也可能在命运的转折处渐行渐远，只留下孤独的我们在回忆中徘徊。

在追求事业的道路上，我们拼尽全力去追逐，却常常被残酷的竞争和不可预测的变故打击得遍体鳞伤。努力未必就能换来心心念念的回报，奋斗多年也许最终只是一场空。看着梦想在现实面前一次次破碎，心中的无奈与绝望如影随形。

金钱，在疾病和灾难面前，也显得那么无力。再多的财富也无法阻止生命的消逝，无法买回健康和安宁。当我们躺在病床上，看着生命的沙漏一点点流逝时，那些曾经追逐的金钱不过是过眼云烟，毫无意义。

正在书前的你，不知是否会有此思考？有人说，我们在这世间匆匆走过，仿佛只是一场虚无的旅程。幸福始终遥不可及，而痛苦却如影随形，我们挣扎着、彷徨着，却找不到出口。

那么，人生究竟有没有意义呢？

02

当下便是最好

如果一切不幸都是“命中注定”，那么还会幸福吗？这个问题很难回答。

确实，年少时的雄心是“大鹏一日同风起，扶摇直上九万里”，后来也难免为了错失良机而扼腕叹息。一事无成却也力不从心，为爱而不得痛心疾首，祸不单行却也无可奈何。

再回想起一路种种，不免感叹：一切皆是命，半点不由人。真是这样吗？

我曾经也这样想过，直到看到了史铁生的一段话，深感惭愧。

他是这样说的:“我四肢健全时，常抱怨周围环境糟糕；瘫痪后，怀念当初可以行走奔跑的日子；几年后长了褥疮，怀念起前两年安稳坐在轮椅上的时光；后来得了尿毒症，怀念当初长褥疮时；又过了一些年要透析，清醒的时间很少，怀念尿毒症的时候。”

原来，人生的幸与不幸只是两种不同境遇的比较罢了。或许，我们每时每刻都是幸运的，因为在任何灾难面前，都有可能加上一个“更”字。

而人生最悲哀的，莫过于在比较中错过幸福，忽视了最好的时光——当下。

永远有更好，但当下便是最好。

天命不可违，天命可为之。我们无法决定事物的发生，但是我们可以决定面对事物的状态。

愿我们都能“知命而不认命，世俗而不庸俗”。

写下的这段文字，是我看了史铁生的散文《我与地坛》后得到的感悟。因为那时的我也正在经历身心上的一个巨大的折磨。

了解我的人都知道，早年间的一场事故让我饱受了很长时间的折磨。身体的疼痛如影随形，每一分、每一秒都在无情地侵蚀着我的意志。每天，我的身上仿佛有无数只蚂蚁在啃噬着我的肌肤，又似尖锐的钢针一次次扎入骨髓。那种痛苦，无法用言语来形容，只能独自默默承受。我躺在病床上，看着苍白的天花板，心中充满了绝望。未来变得如此渺茫，我不知道自己是否还能恢复健康，是否还能像正常人一样生活。

这种折磨不仅是身体上的，更是心灵上的。曾经的梦想、希望，在病痛面前变得如此不堪一击。我开始怀疑自己的人生，怀疑所做的一切的意义。我曾以为，可以通过努力去追求幸福、去实现自己的价值，但现在，我却被囚禁在这张小小的病床上，动弹不得。

看着窗外的世界，人们忙碌地生活着，而我却仿佛被遗弃在一个黑暗的角落里。我羡慕他们的自由，羡慕他们的健康。我问自己，为什么是我？为什么我要遭受这样的折磨？命运为何如此不公？

在病痛的折磨中，我反复思考着人生的意义。也许，人生真的没有意义，我们只是命运的玩偶，任由它摆布。我们的挣扎、我们的努力，最终都可能徒劳无功。

其实，人生路漫漫，从来都不是一帆风顺的。我想，大多数陷入身体的病痛或是外界的困境之中的人，心情往往都是无比沮丧和消极的。

疾病缠身，身体的疼痛如影随形，仿佛有一只无形的大手紧紧扼住我的咽喉，让我难以呼吸。每一次疼痛发作，都像一场凶猛的暴风雨，无情地摧残着我的心灵。

面临外界的困境，压力如沉重的巨石般压在心头。工作的挫折、人际关系的紧张、生活的琐碎烦恼，都会让我感到疲惫不堪，仿佛在黑暗的迷宫中徘徊，找不到出口、看不到希望。

这时，我会觉得自己是这个世界上最不幸的人。

当我看了史铁生的书后，突然惊觉自己所经历的这些与他相比，又算得了什么！史铁生在最好的年华失去了双腿，从此被禁锢在轮椅上。他经历了无数的痛苦和挣扎，但他从未放弃对生活的希望和对人生意义的追寻。他用文字书写着自己的苦难与坚强，给无数人带来了勇气和力量。

病痛、不幸，或者幸福，其实都只是在不同境遇下的比较罢了。当我们身处困境时，往往会觉得自己是最不幸的人。但如果我们换个角度去看，就会发现世界上还有许多人面临着更加严峻的挑战。也许，有人在贫困中挣扎，为了一日三餐而奔波劳累；也许，有人在战争中失去了家园和亲人，承受着巨大的痛苦。与他们相比，我们的困境也许并没有那么糟糕。

那一刻，我重新看待了不幸、幸福、人生的意义。

也许，人生的意义并不在于我们拥有多少财富、权力或健康，而在于我们如何面对困境、如何在苦难中坚守自己的信念、如何在黑暗中寻找那一丝微弱的光亮。

因为，只有经历过风雨的洗礼，我们的生命才会更加绚烂多彩。

03

安危相易，祸福相生

听过这样一则寓言：

很久以前，有一位富豪斥巨资想要寻觅一句话，这句话能让欢愉之人闻之哀伤，哀伤之人闻之愉悦。

他寻觅许久仍未有所获，直至某一日黄昏，他于冥想中听见仙人低语了一句“所有皆会消散”，他这才恍然发觉，自己苦苦追寻的正是此句。短短六个字，却拥有如此神奇的力量。

这世间不存在毫无波折的旅程，也不存在尽善尽美的日子。芸芸众生，哪个人不是生于荣辱兴衰中，体会着尘世的反复无常；于生死交替间，洞察着人生的沧桑多变。

生活向来好坏参半，风雨与阳光共存。没有何种事物能够恒久留存，一切皆在持续流转，这世上永恒不变的唯有改变。

那些我们曾执意坚守的是非曲直、善恶美丑，都是在特定时刻的衡量与抉择，岁月会给出最公正的评判。不管是功成名就，还是失意落魄，时过境迁，所有皆会消散。

或许，此刻的你满心愁苦，那些萦绕心头的哀愁似深海一般，将你的心灵淹没；或许，你当下正置身于人生的寒冬，消沉、无助、彷徨、迷茫，如囚鸟一般被困于生活的樊笼之中，寻不见丝毫希望；又或许，你目前春风得意、诸事顺遂，认为生活无比美妙，沉醉在美满与愉悦之中，眼前的繁华令你如痴如醉。

古人有云，“盛极必衰”“枯木逢春”。世间万事万物的演变皆遵循着平衡的法则，正所谓“阴阳相生”“刚柔相济”。

所以，失意时莫丧志，坚信凡是遭遇，皆为滋养。无须畏惧、无须沉溺，只要内心永远有火，一切艰难与坎坷终将会被克服与迈过。

蒙田说：“如果容许我再过一次人生，我愿意重复我的生活。因为，我向来就不后悔过去、不惧怕将来。”

生活能抚慰的都是愿意向前的人。当你穿越无尽的风雨，历经所有的艰辛，砥砺各种挫折后，那些受过的伤、背负的痛，都将成为你征服一切的徽章，也终将化作你坚强的羽翼。

庄子曰:“安危相易，祸福相生。”所以，得意时，勿骄纵。所谓“乐极生悲”“月满则亏”，有时，拥有或许正意味着失去。

没有永恒的胜利，也没有永恒的美满。无论曾经何其璀璨辉煌，都难以抵御岁月的消磨，一切都会成为过往。

当你明白好事坏事终成过往的时候，当你懂得挫折困苦最终会化为磨砺的时候，你就能领悟：人生无常，世事难料，这个世上没有永远的福与祸。福兮祸所伏，祸兮福所倚。

04

努力活着，本身就是一种意义

村上春树说："不必太纠结于当下，也不必太忧虑未来，当你经历过一些事情的时候，眼前的风景已经和从前不一样了。"

叔本华说："人的本质就在于他的意志有所追求，一个追求满足了又重新追求，如此永远不息。"

其实，每个人的一生都会起起落落，像是一只迷途的羔羊在迷雾重重的荒原中艰难寻觅，渴求一丝希望；又似一片孤独的落叶在萧瑟的秋风中随风飘荡，不知归处何方。

有时，你以为是命运捉弄了你，其实也是你在命运的旋涡中做出了抉择。

而许多成年人，都重复着每日的节奏，既没有激情，也没有悲伤。朝朝复暮暮，岁岁又年年，白日谋生存，黑夜抚心灵；不愿沉沦，又不思奋进；拼又拼不过，松又松不得。生活的夹心饼，吃了又吃，被哽得泪眼蒙眬，仿佛是干涸土地里拼命汲取水分却依旧缺水的禾苗。一次次地绝望，又一次次让自己振作。明明满心疲惫，却一脸云淡风轻。不是不想找人倾诉，只是害怕无人倾听，犹如受伤的小鹿在寂静的森林深处独自舔舐伤口。

可是活着，纵使要承受诸多重压，但依然要前进，这就是生命的韧性。

人生短暂，你所紧握的也终究会消散。一步一思索，一岁一感悟。那些你放不下的情和缘、你忘不了的苦和甜，时光终将会促使你放下，如同潮水会渐渐冲平沙滩上深深的痕迹。

毛姆说："一经打击就灰心泄气的人，永远是个失败者。"每个人都有别样的人生旅途，没必要和他人攀比，坚守自己的初心，成为自己期望的人，就一定会快乐。

生死本同源，你既不必为诞生而狂喜，也无须因消逝而哀愁。身边的人聚了又散、散了又聚，即便留得再久，也总是免不了会从时光中淡去，恰似夜空中璀璨的流星，转瞬即逝。

人生本就有艰辛、有困苦，但是能从那沉重的困苦中看到希望，能在悠悠黑暗中看到点点星光，就能在感受到人生无常的同时坚信信念的力量。

我想，这就是“活着”的价值，即使人生充满坎坷、伤痕累累，即使人生的尽头形单影只、无人相依。

努力活着，本身就是一种意义。

05

与自己和解

你决定与自己和解了吗？

你对那些年少时的不可得之物还有贪恋吗？

你对那个青年时爱而不舍的人还有思念吗？

你对那些中年时无能为力的事依然执着吗？

我们都在学着成长，可“放下”看似简单，却比“拿起”更加困难。

我们都想不留遗憾，可“世间安得两全法，不负如来不负卿”。

后来才发现，世间许多事犹如天上的月亮，一旦圆满了必然亏欠；亦像树上的果实，一旦熟透了，马上就要坠落。

原来，亏欠是另一种持久，遗憾才是下一个圆满。是这样吗？

“和解”二字还有另一个名字，叫作“释怀”。

辛弃疾的“钟鼎山林都是梦，人间宠辱休惊”，刘兼的“是非得丧皆闲事，休向南柯与梦争”，苏轼的“竹杖芒鞋轻胜马，谁怕？一蓑烟雨任平生”，它们字字不提缺憾，可字字都在教人释怀；句句道尽世态炎凉，却句句写满“不以物喜，不以己悲”的自洽。

万物皆有裂纹，但那也是光照进来的地方。人生没有标准答案，但最完美的答卷本就执于自己之手。

愿你“一朝悟道见真我，昔日枷锁皆云烟”。

在谈“和解”这个话题时，我首先想到的就是苏轼。因为了解了他的一生，你会发现他的一生都在与苦难和解、与命运和解、与自己和解。

苏轼，这位千古文坛的璀璨之星，其《定风波》无疑是他思想交融的华彩乐章。在那“一蓑烟雨任平生”中，我们深切感受到儒家坚韧不拔的力量。他的一生起起落落，仕途坎坷，从初入仕途时的壮志满怀，到因“乌台诗案”遭受贬谪，然而，无论遭遇何种困境，他都凭借着坚定的信念和执着的精神，无畏前行。

“何妨吟啸且徐行”“山头斜照却相迎”，淋漓尽致地展现了道家的洒脱不羁。苏轼一生多次被贬，辗转多地，历经黄州、惠州、儋州等地。在黄州，他躬耕东坡，与民为友，虽生活艰苦，却能在自然中寻得乐趣，以一种超然物外的姿态笑对世间的风云变幻。风雨过后，斜阳相迎，这既是大自然的规律，也是他对人生的豁达认知。

而“回首向来萧瑟处，归去，也无风雨也无晴”，更是佛家放下执念的深刻体现。他的一生经历了官场的尔虞我诈，也体验了人间的悲欢离合。当回首往昔的坎坷与波折时，风雨也好，晴空也罢，皆不过是过眼云烟。放下得失之心，方能超脱尘世的纷扰，达到心灵的澄澈与安宁。

至于他临终前留下的“着力即差”四字，犹如一句醒世真言。这短短四字，凝聚了他一生对世事的洞察与领悟。他在官场上的沉浮、在生活中所受的磨难，都让他明白，人生在世，过度用力追求，往往会陷入执念的泥沼，迷失自我。唯有放下执着，顺其自然，方能领悟生命的真谛、实现心灵的解脱。苏轼用他的一生，以诗词为笔，书写着儒释道三家思想的融合与升华，跟世人娓娓道来“和解”二字的真谛。

苏轼才华横溢，可以说是中国古代不世出的全能艺术天才。但是，苏轼的一生却坎坷波折、饱经风霜、历经磨难，甚至经历过多次生死离别。这些磨难给了他难得的历练与充实，也给了他作为凡人体会民生疾苦的机会。在经受这些磨难之后，他依然充满智慧与阳光，一句“问汝平生功业，黄州惠州儋州”，就是他对自己一生把苦难当“人生逆旅”的深刻总结。

早年的苏轼，年轻有为，积极向上，满怀一腔热血与抱负。在他初入仕途之时，那股子锐意进取的劲头令人赞叹。“致君尧舜上，再使风俗淳”，或许正是他内心深处的渴望。

然而，在那个以王安石变法改革为主导的北宋政治环境之下，他因与改革派的理念相悖，难以实现自己的政治理想。无奈之下，他只能自请调任地方。可即便如此，他始终坚守初心，坚持为民生福祉尽心尽力做事。在地方为官期间，他兴修水利、治理蝗灾，为百姓谋得了实实在在的福祉。

只可惜，他自身的光芒太过耀眼，招致政坛上的明枪暗箭，从而跌入人生低谷。“乌台诗案”让他遭受了无妄之灾，几乎命丧黄泉。在那段黑暗的日子里，他身心备受折磨，却依然保持着乐观豁达的心态。

后来，守旧派上位，他又被委以重任。本以为可以一展抱负，奈何政治风云变幻莫测，很快他又遭贬谪，远赴广东、海南等地，处于颠沛流离的状态。

前期的苏轼，无疑是自由幸福的、是充满朝气与理想的。他能够达到古代文人追求的所谓“修身，齐家，治国，平天下”中的三个人生目标，也实现了很大的人生政治抱负。“会挽雕弓如满月，西北望，射天狼”，尽显他的壮志豪情。

但在后期，苏轼的人生突遭变故，出现很大的波折，几乎由原来的政坛明星和文人领袖，变成了人人避之不及的朝廷重点看管钦犯，人生打击不可谓不大。

然而，苏轼在这个人生逆旅中不断坚持，一路走了出来。

从“缥缈孤鸿影”到“四海寄余生”，从“也无风雨也无晴”到“大江东去”，苏轼不仅可以耕种养家，还苦中作乐，靠着对生存的渴望及对生活的执着，“日啖荔枝三百颗，不辞长作岭南人”，足见他的乐观与豁达。

分享几个苏轼的小故事，希望对书前的你有所启迪。

1. 东坡肉的由来。苏轼被贬黄州时，生活条件艰苦。他亲自开垦荒地，种植庄稼。当时，猪肉较为便宜，但人们不太会烹饪，苏轼便研究出一种独特的做法：用慢火少水的方式炖煮猪肉，使得猪肉变得美味可口。这便是后来广为人知的“东坡肉”。

2.《记游松风亭》。苏轼晚年被贬惠州时，曾去爬附近的小山，到山顶的松风亭歇息。当他走到半山腰感到疲惫，却看到亭子还在远处时，开始发愁何时能到达山顶。随后他转念一想，何必一定要爬到山顶，此处有什么歇不得？一念之间，他感到周身轻松，并进一步议论道：“由是如挂钩之鱼，忽得解脱。若人悟此，虽兵阵相接，鼓声如雷霆，进则死敌，退则死法，当恁么时也不妨熟歇。”

3. 密州出猎。熙宁八年（公元1075年），苏轼在密州任知州时，写下了《江城子·密州出猎》。当时，他已38岁，人近中年，但仍“左牵黄，右擎苍”，其狂气可见一斑。他手挽雕弓，望向西北，渴望射杀进犯的西夏军队。他的“狂”被发挥得淋漓尽致。

4. 快哉亭观景。元丰六年（公元1083年），苏轼结识了一同被贬的张怀民，并与之成为好友。他登上张怀民所建的“快哉亭”，观览长江胜景。面对广阔明净的水面、倒映的翠绿山峰以及在风浪中掀舞的小舟，苏轼不禁感慨：一个人只要具备至大至刚的浩然之气，就能在任何境遇中处之泰然，享受到千里雄风的无穷快意。

5. 狱中作诗。苏轼因“乌台诗案”被判“诽谤朝政，妖言惑众”。在刚出狱时，他便吟出“此灾何必深追咎，窃禄从来岂有因”。

6. 惠州之乐。苏轼被贬至惠州，经济窘迫买不起羊肉，便用少量钱买无人要的羊脊骨，回家煮熟后漉出，浸酒撒盐，微微烤焦后食用。他还写信给苏辙说，自己“意甚喜之，如食蟹螯。率数日辄一食，甚觉有补”。不久后，他适应并喜欢上了惠州，称“风土食物不恶，吏民待甚相厚”，甚至写出“日啖荔枝三百颗，不辞长作岭南人”的诗句，将常人眼中的险恶之地视作人间乐土。

7. 海南生活。苏轼被放逐到更为僻远荒蛮的海南儋州，那里条件极为艰苦，但他安之若素，写道“且喜天壤间，一席亦吾庐”。他发现，当地有许多长寿老人，便认为寿夭无定，要习而安之。后来，他爱上了当地的自然之美和朴实人情，写诗称“海南万里真吾乡”“我本海南民，寄生西蜀州”，真正把海南当作了故乡。

苏轼的一生，不仅能在困境中超越自我，更能苦中作乐照亮他人。

以铜为镜，可以正衣冠；以古为镜，可以知兴替；以人为镜，可以明得失。

当你翻开一本本承载着厚重历史的书籍时，在那字里行间，古人的一生如同画卷般徐徐展开，他们的喜怒哀乐、兴衰荣辱，都被生动地记录下来。他们的故事或波澜壮阔，或婉转凄美，每一个细节都仿佛在诉说着岁月的沧桑。

你会惊讶地发现，古人的一生竟能浓缩在那本看似小小的书里面。他们所经历的战争与和平、爱情与背叛、成功与失败，都如同镜子一般，映照出人性的光辉与黑暗。

古人的一生或许就是我们的一生，同样渴望爱与被爱，追求成功与幸福，面临着挫折与困难。而他们在挫折中的豁达、在选择中的睿智、在困境中的坚韧、在取舍中的坦然，不正是我们今天想要的答案吗？

陶渊明，“采菊东篱下，悠然见南山”，他那不为五斗米折腰的气节，令人由衷钦佩。在那个充斥着功名利禄诱惑的世道，他坚决地主动辞官而去，毫不犹豫地舍弃了官场的虚荣与浮华。回想他初入仕途时，也曾怀着一腔报国为民的热忱，然而官场的黑暗与腐败让他心灰意冷。他不愿为了迎合权贵而扭曲自己的灵魂，于是果断回归田园。

在那片充满生机的田野里，他日出而作、日落而息，“晨兴理荒秽，带月荷锄归”。春播秋收，夏耘冬藏，每一帧画面都洋溢着他对生活的热爱和对自由的向往。他与乡邻把酒言欢、共话桑麻，享受着田园生活的宁静与恬淡，尽显洒脱之态。在这平凡而真实的生活中，他找到了内心的安宁与满足。我坚信，在那片属于他的天地里，他的内心是充盈而幸福的。

李白，这位才华横溢的诗仙，在年纪轻轻之时便已崭露锋芒、头角峥嵘。他怀着“长风破浪会有时，直挂云帆济沧海”的壮志踏入长安，渴望一展抱负。然而，他那恃才傲物的性格，却让他在官场上备受排挤。

唐玄宗虽欣赏他的才华，却只将他视为吟诗作赋的弄臣，这与李白的政治理想相去甚远。加之朝中权贵的嫉妒与打压，他的壮志豪情无处施展，内心充满了苦闷与愤懑。无奈之下，他只能“且放白鹿青崖间，须行即骑访名山”，纵情于山水之间，让心灵游离于尘世之外。

在那巍峨的山峦、奔腾的江河中，他寄托着自己的情感，寻找着心灵的慰藉。但即便如此，他的灵魂深处依然燃烧着对理想的渴望，对命运不公的抗争。

要学会和苦难和解，学会和自己和解。

和解，是自身与内心矛盾的调和。

和解，是自己跟内心世界的对话。

你有多包容自己、你有多理解自己，你就有多平和。

你越平和，就越能为自己卸去重负。

你越平和，就越舒畅，内心纠结就越少。

和解，让生命的热情自由流淌和释放，让种种思绪充分展露和抒发，让情感的表达不勉强、不纠结，也不伪装。

和解，能正视自己的优点，也能坦然接受自己的缺点，明白优点和缺点只是事物的不同方面。

蒙田说：“最健康的生活，是不盲从、不迎合、不焦虑，却能活得最从容、最自在、最真实。”这便是和解。

大的宽容是容人，小的宽容是容己。年轻的我们达不到圣人的宽容，所以只能先宽容自己，宽容自己的迷茫、冲动、犯错，才能有胸怀去宽容他人。

尼采说：“一个人知道自己为什么而活，就能忍受任何一种生活。”

直到你开始尊重自己、呵护自己，所有挫折和磨难就变成了心灵的养分，助力它成熟、坚韧，有力量直面世间艰难。

那些在创业路上屡屡失败的人，会陷入自我怀疑的深渊，但如果最终选择与自己和解，接受自己的不完美，总结失败的教训，重新出发，就可能获得成功。

那些总是对自己容貌不满意的女孩儿，也许会经历长时间的焦虑，但如果学会自我和解，欣赏自己独特的美，不再过度在意他人的眼光，就会变得自信而快乐。

你的身体或许在现实中忙碌穿梭，你的思绪或许在尘世中起伏不定，但你的灵魂一定要有一个安稳的归宿。有了这个归宿，你就能成为你忙碌的身体和波动的思绪的主导者。

从此，你不再祈求顺遂，你自己便是顺遂。凡是经历的你都接纳，一切都能包容。从此，你不再受束缚，使你自己得以解脱。你前往你渴望去的任何地方，你完整而坚定地掌控着你自己。

生命自带光芒，去激情地书写属于自己的篇章吧！没有人值得你否定自己，没有人能阻碍你成为自己，没有人能制止你好好珍视自己。将百合捧在掌心，风过香飘，从此芬芳予自己，扬鞭驰行向远方。

06

人这一辈子最重要的是什么

※

年少不得之物，终将困其一生；暮年浮光之景，终将瞬息点醒，又终会因一事一物而解终生之惑。

幼年之时，手中的奶酪棒最为甘甜，坚定地认为那是最重要的；

少年之时，蹲在地上专注地看着蚂蚁搬家，感受大自然的奇妙，那一刻好像是最重要的；

青年之时，十年寒窗苦读，只盼金榜题名，觉得那一刻是最重要的；

而立之年，爱人在侧，迎接新生命的到来，那一刻只觉得太重要了；

不惑之年，上有老、下有小的压力也伴随着幸福，那一刻真的太重要了；

知命之年，蹉跎了半生，回想起年少时的梦想，从未觉得梦想如此重要；

古稀之年，在外工作的孩子逢年过节回来探亲，“稚子嬉戏亭间闹，老翁沉醉椅中摇”，那一刻的天伦之乐无比重要；

耄耋之年，爱人终是先走一步，一人坐在庭院里晒太阳，常常觉得老伴儿的陪伴太重要了。

随着时光的流逝，我也在渐渐老去，我知道留给我的时间不多了。

现在回头看，那些难以跨过的山，其实都在不知不觉中跨过了。

每一个看似重要的当下、做的每一个选择，或许会有遗憾，可是人生就是这样，没有标准答案。

所以，什么最重要？什么都重要，但又不是非有不可，因为你曾经认为最重要的都有失去的一天。

宠辱不惊，看庭前花开花落；去留无意，望天上云卷云舒。

法国著名作家罗曼·罗兰在其名著《约翰·克利斯朵夫》

中写道："幸福是灵魂的一种香味，是一颗歌唱的心的和声。"短短的一句话，揭示了幸福的内涵，也饱含了对人生深邃的思索与感悟。

生活布满了荆棘，现实也往往不尽如人意。在无数个晨曦初现的时刻，我们总想挣脱内心的枷锁、甩开沉重的负担，让迷茫的心灵和身躯，从这纷扰而忙碌的尘世中解脱。

然而，史铁生在散文《我与地坛》中说："微笑着，去唱生活的歌谣。不要抱怨生活给予了太多的磨难，不必抱怨生命中有太多的曲折。大海如果失去了巨浪的翻滚，就会失去雄浑；沙漠如果失去了飞沙的狂舞，就会失去壮观；人生如果仅去求得两点一线的一帆风顺，生命也就失去了存在的魅力。"

人活着，就是一个不停去感知、领悟、接纳和给予的旅程。当我们历经了生活的重重考验与挫折，内心依然怀揣梦想与憧憬；当我们直面世间的虚伪与狡诈，内心仍旧坚守真诚与善良，这一刻，我们就收获了人生最大的满足与欣慰。

人生匆匆，似流星划过。回首这一路走来的轨迹，有太多的欢笑与泪水，也有诸多的失落与欣慰。

有人说："人活着有两种状态，或心满意足，或满心愁苦。"

愁苦，是无尽的折磨；满足，却有多样的诠释。

人生短短数十年，每个人都在用自己独特的方式追寻幸福。

有的人被林林总总的诱惑所迷惑，金钱、权力、荣耀、虚荣……仿佛只有占有了这些，人生才有意义；有的人摒弃外界的喧嚣，注重内心的宁静与充盈，在生活中，专注心灵的滋养与升华。

很多时候，懂得知足，才是对自己最大的恩赐。知足内心的拥有与所得，知足身边的真情与真爱，保持内心的淡定与从容，才能真正挣脱虚荣与贪婪的束缚，切实体会到生活的甜蜜与温馨。

我特别喜欢这样一段话：“生命中的繁华、热闹与喧嚣，终究会融入生活的宁静，而生活的妙处，恰恰隐匿在这宁静安然之中。无论多么绚烂的辉煌，最终都需要以平淡的日子为基本，来衡量其真实的分量。王公贵族、传奇般的故事、惊天动地的伟业，在历史的长河中，都不过是昙花一现。唯有那些温暖而朴实的日常，才是编织人生幸福的丝线。即使生活风云变幻，我们也要坚定不移，勇往直前。”这是我所知的，对幸福本质的最完美解读。

或许，身为人，感受幸福本身就是我们存在的意义吧！就像史铁生在《我与地坛》中所写的：“要是有些事我没说，地坛，你别以为是我忘了，我什么也没忘，但是有些事只适合收藏。不能说，也不能想，却又不能忘。它们不能变成语言，它们无法变成语言，一旦变成语言就不再是它们了。它们是一片朦胧的温馨与寂寥，是一片成熟的希望与绝望，它们的领地只有两处：心与坟墓。比如说邮票，有些是用于寄信的，有些仅仅是为了收藏。”

学会拥抱当下，不追悔往昔，亦不忧惧明日。去感受、去领会、去接纳、去给予、去尝试、去奉献、去热爱、去感激、去拼搏、去探索……或许这就是一个人追寻幸福的真谛所在吧！

汪国真先生说："要输就输给追求，要嫁就嫁给幸福。在漫长的人生旅途中，愿以热忱，寻内心所求。"

生活往往充满迷茫，纷繁复杂的选择、无法预测的未来，以及始料未及的挫折，让日子多了几分彷徨。

其实，真正领悟生活的人，都是能够珍视当下的人。他们内心踏实坚定，不迷茫、不彷徨、不徘徊，珍惜此刻、把握现在，心怀感恩、保持乐观，做真实的人、过真实的生活。

街头巷尾，汇集起来是生活，分散开来是人生；日子，远观是梦想，近瞧才是现实。万事留于行，而非挂于口，有晴赏晴，有雪赏雪。生活并没有秘诀，快乐和烦恼都藏在日常中。

所以，珍惜当下、把握此刻，是一个成年人迷茫困惑日子之中应有的一份清醒与自在。

海子曾说："从明天起，做一个幸福的人，喂马、劈柴，周游世界。从明天起，关心粮食和蔬菜，我有一所房子，面朝大海，春暖花开。"

生活中，人和人之间有着各种差异，但每个人的生活重点不一样，注定活着的感受也不一样。

有的人追求瞬间的激情；有的人享受长久的宁静；有的人目标明确，勇往直前；有的人犹豫不决，停滞不前；有的人一帆风顺，梦想成真；有的人饱经风霜，壮志未酬……

人生在世，不可能处处顺心如意。美好的人生，要有当惜则惜、当舍则舍的觉悟。幸福的生活，要有不后悔、不追忆的心境。真正的智者，能够定得下心、稳得住神，实实在在地过好每一天。

他们不心浮气躁，不朝三暮四，不朝令夕改，不患得患失，不瞻前顾后。在自己的生命轨迹里，不慌不忙、稳步前行；在平凡的日子里，不骄不躁、泰然自若。

我读到过很喜欢的一段话："当你安心地把眼前的事做好，生活自然会把该给你的幸福，在恰当的时候，一样一样都给你。好的人生，珍惜当下。"

珍惜当下，既是一种生活抉择，也是一种生活智慧，更是一种可贵的生活态度。

闲暇时拈花弄月，忙碌时心无旁骛，不紧不慢地穿梭于岁月长河中，你有你的酸甜，我有我的苦辣，在喧嚣中坚守自己的初心，在寂静时也有自己的安然。

时光悄然流逝，你且珍惜当下。往后余生，愿你我在繁杂的世界里，做一个清醒的人，以宁静心观世界，以珍惜心过生活，不骄不馁，珍惜当下，淡定从容地度过这一生。

生活慢慢品，精彩都在当下中……

07

真实的自己更值得尊重

每个人在人生的不同阶段，都积累了不同的体悟与抉择。年少时，天真地以为会遇到无数的可能，直到四十岁才发现，生命中的机缘并不多，每一次的遇见都可能是唯一。

就像苏格拉底所说的：“最有希望的成功者，并不是才干出众的人，而是那些最善于利用每一个时机去发掘开拓的人。”然而，许多人擅长自我慰藉与欺骗，为了所谓的面子、赌气或那微不足道的固执，在不自觉中错过了许多重要的东西，习惯用明天会更好的借口来麻痹自己、掩饰自己的不足，用各种借口来逃避责任。

其实，真实才是生活的底色。无须假装幸福，更无须假装不幸。如果能真实地面对自己，诚实地生活，便是值得的。

赚钱不易，生活艰辛，人生并无绝对的好坏。在平凡的日子里，真正关心你过得好不好的人其实并不多。

人生没有既定的公式，每个人都可以选择自己的生活方式，即使稍显稚嫩也无妨，因为这是成长的必经之路。

不应该为了急于到达终点而过早冲刺，而应慢下来。就像孔子说的:“无欲速，无见小利。欲速则不达，见小利则大事不成。”

生活就是这样，有顺境也有逆境，没有什么是永恒的。

曾经的执着，或许只是青春的热血与冲动，不妨静下心来，自我调适，直到放下。经历了飞蛾扑火、头破血流之后，选择回归本真，重新出发。

真实、珍惜，我想这就是幸福的底色吧!

08

我们应该如何过好这短短的一生

※

最近，我看了一部奥斯卡短片——《苍蝇一分钟的人生》，你看过吗？

其实，我们的人生何尝不是这样呢？从生下的那一刻起，就是一个不断走向死亡的过程。

所以，我们应当如何度过这一生呢？

在《钢铁是怎样炼成的》一书中，保尔·柯察金说：“人的一生应当这样度过，当他回首往事的时候，不会因为虚度年华而悔恨，也不会因为碌碌无为而羞耻。”

在王小波的小说《黄金时代》中有这样一段话：“我活在

世上，无非是想要明白些道理、遇见些有趣的事。倘若如我所愿，那我这一生就算是成功。”

在散文集《瓦尔登湖》中，梭罗写道：“生命本没有价值，除非你选择并赋予它价值。从今往后，别再过你应该过的人生，去过你想过的人生吧！”

可是浮世三千，书山书海，怎知哪本书不似你，怎知哪本书又似你呢？

所以，人这一辈子到底该怎么活？

其实，面对这个问题，有些人生而知之，有些人教而知之，有些人困而知之，有些人浑浑噩噩。可是，那又怎么样呢？

我认为，我们许多人忽略了一个真相，那就是很多事情不需要纠结其意义，吃喝玩乐不等于虚度光阴，吃苦耐劳也不等于意义非凡，而焦虑内耗也只是人生各种体验的叠加而已。

那么，你就可以去做那些看似无意义的事，比如，发呆、看日出、数星星……因为你的体验就是最大的意义。

人生是旷野，不是有轨之道，我们无法决定生命的长度，但是可以改变它的宽度。愿你修炼自己、成全自己、过好自己，且行且悦，不枉此生！

“当我拍摄繁星或是晨曦的时候，我会察觉拍出来的远不如亲眼所见的壮丽。但我不会觉得是苍穹不够迷人，因为我明白相机难以定格苍穹的魅力。我应当用相同的视角来审视自己。其实啊，我与星辰一样璀璨。”

悦纳自己、坚信自己、认可自己，这是我能够拥抱幸福生活的基石。

就像泰戈尔说的：“你看不见你自己，你所看见的只是你的影子。”曾经的我，总是忽略自身的光芒，而过多地关注自身的不足。后来我意识到我应该深入内心去探寻生命的美好，寻觅一条通向真实自我的道路，尽情展现自己的魅力，经营好属于自己的生活，无须顾虑他人的看法与评说。

当我构建起稳定的心态和坚实的内心时，无论他人怎样忽视我、排斥我、中伤我，我都不会轻易陷入自我否定、自我怀疑的泥沼中；当我的内心足够坚韧时，我的目光会变得柔和且坚毅，我的精神会变得充沛且熠熠生辉，我的心境会变得安宁且从容不迫，我的灵魂会变得自由且宁静祥和。

每个人都犹如一座蕴藏无尽宝藏的矿山，我也不例外。我懂得向内探索，追寻生命的原动力，激发内在的潜能，在磨砺中不断成长，在修行中趋向圆满。

我愿耗费一生的时光去追寻自我，在尘世中历经千帆，只为触摸内心的真谛。

我学会用心关爱自己，不再为未知的未来忧心忡忡，也不再对过往的种种耿耿于怀；我放下对外物的过度渴望，挣脱束缚自身的枷锁，不抱有过高的期待，不盲目索取，不刻

意攀附，不执着痴迷，不自我消耗，不沦为精神上的乞讨者，努力活出超凡脱俗且自信强大的自己。

在未来的岁月里，在自己的天地中修身养性，在他人的世界里顺应自然。

曾经的我，在追求梦想的道路上屡屡碰壁，也曾因为他人的否定而自我怀疑，但当我学会与自己和解、真正地接纳自己后，我发现原来我有着无尽的潜力等待被挖掘。我不再过分在意别人的眼光，而是专注于自身的成长，这让我越来越接近那个理想中的自己。

希望我们都能在这纷繁复杂的世界中，散发出自己的光芒，拥抱真实而美好的人生。

心理学家阿德勒曾言:“每个人的心底，都藏着一个未曾长大的自我，它是我们幼年未被满足的渴望，每逢关键节点，它便会现身，在你心间肆意呼喊，扰乱思绪。”

这世间不存在毫无挫折的人，每个人都或深或浅地品尝过失落与迷茫的滋味。在那些艰难困苦的时光中，我们时而消沉低落，时而自我激励和振作；我们在徘徊中探索，在伤痛中觉悟，在困惑中突破，在寂寞中蜕变。我们逐渐懂得，学会重塑自我，才是对生活最深刻的领悟。

马伊琍说:“把自己当作最亲密的伙伴，重新呵护自己一回。我像挚友一样陪伴自己勇敢前行，又像知己一样给予自己温暖慰藉。”

重塑自我，是对往昔的释怀，也是对当下的珍视，更是对未来的坚信。

当我们开始重塑自我时，我们开始真切地感知自我、洞察自我并且能够坦然地接受自我，接受所有。

真正的成长，是重新塑造灵魂的旅程。用心聆听灵魂的诉求，关注自我的需求，在重塑自我的进程中，获取睿智、充实且感恩的心态。

刘同在《向着光亮那方》中写道:“过不去的事要过去，放不下的情要放下。翻过一页，才能书写另一页，这样才能让人生慢慢成为一本书。时过境迁再阅读，才有往事繁花似锦，回忆温暖如初。”

爱自己，重塑自我，并非要否定父母的养育之情，也不是让自己陷入自我放纵的误区，更不是抹杀自己的过往经历，而是切实地发掘自我，成就自我。

学习新技能，培养新爱好，参与社交活动，学会融入群体；不焦虑、不执拗、不迎合、不盲从，平和处世；允许自己偶尔脆弱，允许生活变化无常、不尽如人意；允许自己判断失误，行动偏差；允许一些梦想破灭，一些期望落空；允许所有不顺心的情况出现……

岁月如梭，眨眼间人生已至中途。前半生无论生活多么艰辛，坚韧的我们都已然挺了过来。往后的日子，把自己重新塑造一番，用一个更坚韧的自己与逆境抗衡。

请坚信，过往所有的坎坷，都是未来幸福的伏笔。当你重新塑造自己，闯过艰难险阻后，时光定然会给你一片繁花似锦。

最后，分享一段极富感染力的话语：“曾经遥不可及的梦想是时候去追逐了，年少时留下的心灵创伤是时候去疗愈了。内心的拼图要重新拼凑完整，灵魂的裂痕要精心修补完好。”

余生，把自己重塑一遍，读懂自己，重启征程。